全国中等职业学校机械类专业通用
全国技工院校机械类专业通用（中级技能层级）

车工工艺与技能训练（第三版）习题册

王公安 主编

U0899891

中国劳动社会保障出版社

简介

本习题册是全国中等职业学校机械类专业通用教材 / 全国技工院校机械类专业通用教材（中级技能层级）《车工工艺与技能训练（第三版）》的配套用书。本习题册紧扣教学要求，按照教材章节顺序编排，知识点分布均衡，题型丰富多样，难易配置适当，有助于学生复习巩固所学知识。

本习题册由王公安任主编，袁桂萍任副主编，孙喜兵、闫心雨参加编写；于斌任主审，徐小燕参加审稿。

图书在版编目（CIP）数据

车工工艺与技能训练（第三版）习题册 / 王公安主编 . -- 北京：中国劳动社会保障出版社，2022

全国中等职业学校机械类专业通用　全国技工院校机械类专业通用 . 中级技能层级

ISBN 978-7-5167-5261-6

Ⅰ. ①车…　Ⅱ. ①王…　Ⅲ. ①车削 – 中等专业学校 – 习题集　Ⅳ. ①TG510.6-44

中国版本图书馆 CIP 数据核字（2022）第 160359 号

中国劳动社会保障出版社出版发行

（北京市惠新东街 1 号　邮政编码：100029）

*

北京昌联印刷有限公司印刷装订　　新华书店经销

787 毫米 ×1092 毫米　16 开本　10.5 印张　243 千字

2022 年 10 月第 1 版　　2024 年 11 月第 5 次印刷

定价：21.00 元

营销中心电话：400-606-6496

出版社网址：http://www.class.com.cn

http://jg.class.com.cn

目　录

绪　论

一、填空题（将正确答案填在横线上）

1. ________是机械制造业中最基本、最常用的加工方法。

2. 在机械制造企业中，车床占机床总数的____________。随着科技的进步，数控车床的数量也已占到数控机床总数的____________。

3. 车削的加工范围很广，其基本内容包括：______________、________________、____________、__________、________、________、__________、__________、________、____________、________和____________等。

二、选择题（将正确答案的代号填在括号内）

1. 下列内容符合安全操作规程的是（　　）。

A. 不准戴手套操作车床

B. 工件装夹好后，卡盘扳手必须随即从卡盘上取下

C. 应用专用铁钩清除切屑，不准用手直接清除

D. 不要随意拆装电气设备，以免发生触电事故

2. 下列内容不符合文明生产要求的是（　　）。

A. 半成品和成品应堆放整齐、轻拿轻放，严防碰伤已加工表面

B. 允许在卡盘及床身导轨上敲击或校直工件，床面上不准放置工具或工件

C. 车削铸铁或经气割下料的工件前，应擦去车床导轨上的润滑油。铸件上的型砂、杂质应尽量去除干净，以免损坏床身导轨面

D. 结束操作前应将床鞍摇至主轴箱一端，各转动手柄放到空挡位置

三、简答题

1. 什么是车削？

2．与机械制造业中的钻削、铣削、刨削和磨削等加工方法相比较，车削有哪些特点？

3．简述加工前的准备工作内容。

4．简述加工后的处理工作内容。

第一单元　车削的基本知识和基本技能

课题一　车床及其操作

一、填空题（将正确答案填在横线上）

1. 床身是车床上精度要求很高、带有________导轨和________导轨的一个大型________部件，用于支撑和连接车床的各个部件。

2. 刀架部分由两层__________、__________与__________共同组成，用于装夹车刀并带动车刀作__________、__________或斜向运动。

3. 车削时，为了切除多余的金属，必须使____________和________产生相对的车削运动。

4. 按其作用，车削运动可分为________和____________两种。

5. 车削时，工件上形成了______________、____________和______________三个表面。

6. CA6140 型车床主轴的变速通过改变主轴箱正面____侧两个叠套的长、短手柄的位置来控制。外面的短手柄在圆周上有____个挡位，每个挡位都有由____种颜色标志的____级转速；里面的长手柄除有____个空挡外，还有由______种颜色标志的____个挡位。

7. 三爪自定心卡盘有正、反两副卡爪。正卡爪用于装夹外圆直径______和内孔直径______的工件；反卡爪用于装夹外圆直径______的工件。

二、判断题（正确的打"√"，错误的打"×"）

1. 车床溜板箱把交换齿轮箱传递过来的运动，经过变速后传递给丝杠或光杠。（　　）

2. 车削时，工件的旋转运动是主运动。（　　）

三、选择题（将正确答案的代号填在括号内）

1. 车床（　　）接受光杠或丝杠传递的运动。

　A．溜板箱　　B．主轴箱

　C．交换齿轮箱　　D．进给箱

2. 工件上由切削刃正在形成的那部分表面是（　　）。

　A．已加工表面　　B．过渡表面　　C．待加工表面

3. 车床主轴箱正面左侧的车削螺距的变换手柄的作用是变换（　　）。

　A．加大螺距和正常螺距　　B．左旋螺纹和右旋螺纹

　C．纵向进给和退出　　D．横向进给和退出

　E．加大进给量和正常进给量

4．下列对CA6140型车床的叙述，正确的是（　　）。

A．车削时，工件的旋转运动是主运动

B．车削时，进给运动是机床的主要运动，它消耗机床的主要动力

C．进给箱右侧有里外叠装的两个手柄，外手柄有A、B、C、D共4个挡位，是丝杠、光杠变换手柄，里手柄有Ⅰ、Ⅱ、Ⅲ、Ⅳ共4个挡位

D．要求在刀架转位前就把中滑板向后退出适当距离

E．当刀架纵向快速移动到离卡盘或尾座有一定距离时，应立即放开快进按钮，停止快进变成纵向机动进给，以避免刀架因来不及停止而撞击卡盘或尾座

四、名词解释

1．主运动

2．进给运动

3．已加工表面

4．过渡表面

5．待加工表面

五、简答题

1．简述卧式车床的主要组成部分。

2．主轴箱、进给箱和溜板箱各有什么用途?

3．画出卧式车床传动路线方框图。

4．在图 1–1 上指出车削时工件上形成的三个表面（已加工表面、过渡表面、待加工表面）。

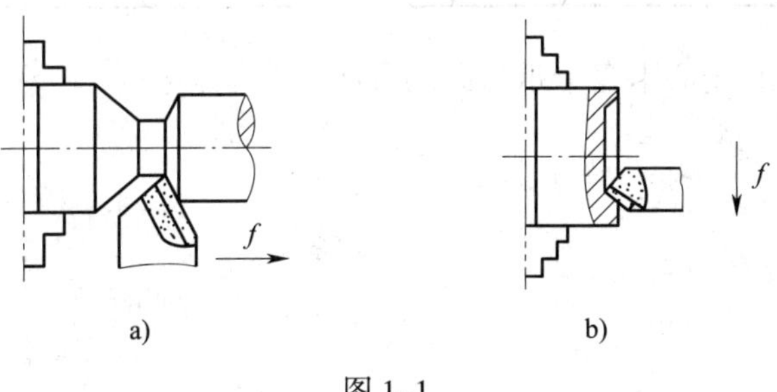

图 1–1

5．简述启动车床的操作步骤。

6．简述进给箱的操作方法。

7．简述中滑板手动、机动和快速移动操作方法。

8．根据所学车床刻度盘的操作知识，完成表 1–1。

表 1–1

要求移动的距离	使用的刻度盘	移动距离 / 格	手动时操作	机动时操作	刻度盘转过的格数
纵向进给并 退出 150 mm					
横向进给并 退出 14 mm					
纵向进给并 退出 3.25 mm					

9．简述识别三爪自定心卡盘卡爪号码的方法。

10. 简述三爪自定心卡盘卡爪的安装方法。

课题二　车床的润滑和日常保养

一、填空题（将正确答案填在横线上）

1. CA6140 型卧式车床的润滑方式有__________、__________、________、________、________、________。

2. __________润滑常用于外露的滑动表面，如床身导轨面和滑板导轨面等，一般用___________进行浇注。

3. 尾座和中、小滑板上的摇动手柄的轴承处用________润滑。

二、判断题（正确的打"√"，错误的打"×"）

1. 弹子油杯润滑常用于密闭的车床箱体中。（　　）

2. 油泵循环润滑常用于转速高、需要大量润滑油连续强制润滑的场合。（　　）

三、选择题（将正确答案的代号填在括号内）

1. 常用于交换齿轮箱挂轮架的中间轴或不便于经常润滑处的润滑方式是（　　）。

A. 油绳导油润滑　　B. 油脂杯润滑

C. 溅油润滑　　D. 油泵循环润滑

2. 常用于进给箱和溜板箱的油池中的润滑方式是（　　）。

A. 油绳导油润滑　　B. 油脂杯润滑

C. 溅油润滑　　D. 油泵循环润滑

3. 车床上采用浇油润滑的部位是（　　）。

A. 床身导轨面和滑板导轨面

B. 主轴箱的油箱

C. 进给箱和溜板箱的油池

D. 丝杠、光杠、操纵杆支架的轴承处

四、简答题

1. CA6140 型车床润滑系统标牌中的符号②、㊻分别表示什么含义？

2. CA6140 型车床润滑系统标牌中的符号$\frac{46}{7}$、$\frac{46}{50}$分别表示什么含义？

3. 简述车床的日常维护、保养要求。

课题三　车刀的基本知识

一、填空题（将正确答案填在横线上）

1. 90°车刀又称为________，主要用来车削工件的________、________和________。

2. 硬质合金可转位车刀的刀柄可以装夹各种不同形状和角度的刀片，分别用来__________、__________、________、________和__________等。

3. 车刀由__________和__________两部分组成。________担负切削工作，故又叫__________；________用来把车刀装夹在刀架上。

4. 为了提高刀尖强度和延长车刀寿命，多将刀尖磨成具有曲线状切削刃的________刀尖以及具有直线切削刃的________刀尖。

5. 装刀时必须使修光刃与__________平行，且修光刃长度必须________进给量，才能起修光作用。

6. 45° 车刀有____个前面、____个主后面、____个副后面、____条主切削刃、____条副切削刃以及____个刀尖。

7. 为了测量车刀的角度，假想的三个基准坐标平面是____________、____________和____________，这三者之间的关系是____________。

8. 副偏角一般采用 6° ~ 8°，精车时，如果在副切削刃上刃磨修光刃，则取κ_r' =____，加工中间切入的工件表面时，应取κ_r' =____。

9. 当车刀刀尖位于主切削刃 S 的最高点时，λ_s______0°。车削时，切屑排向工件的__________表面方向，刀尖强度较____，适用于____车。

10. 高速钢刀具常用于承受冲击力__________的场合，特别适用于制造各种结构复杂的________刀具和________刀具，但是不能用于________切削。高速钢有________和________两种类别。

11. 加工一般材料大量使用的刀具材料有____________和____________，其中____________是目前应用最广泛的一种车刀材料。

二、判断题（正确的打“√”，错误的打“×”）

1. 能够用来车削工件外圆的车刀有 90° 车刀、75° 车刀和 45° 车刀。（　　）
2. 刀具上的主切削刃担负着主要的切削工作，在工件上加工出已加工表面。（　　）
3. 主切削刃和副切削刃交汇的一个点称为刀尖。（　　）
4. 车刀切削刃可以是直线，也可以是曲线。（　　）
5. 增大前角能增大切削变形，可省力。（　　）
6. 负前角能增大切削刃的强度，并且耐冲击。（　　）
7. 负值刃倾角可增加刀头强度，刀尖不易折断。（　　）
8. 车刀切削部分的基本角度中，前角 γ_o、后角 α_o 和刃倾角 λ_s 没有正负值规定，但主偏角 κ_r 和副偏角κ_r'有正负值规定。（　　）
9. 在主正交平面中，后面与基面的夹角小于 90° 时，后角为正值。（　　）
10. 耐热性越好，车刀材料允许的切削速度越高。（　　）
11. 硬质合金的缺点是韧性较差，承受不了大的冲击力。（　　）
12. 高速钢车刀不仅用于承受冲击力较大的场合，也常用于高速切削。（　　）

三、选择题（将正确答案的代号填在括号内）

1. 主要用来车削工件的外圆、端面和倒角的车刀是（　　）车刀。

A. 90°　　B. 75°　　C. 45°　　D. 圆头

2. 刀具上与工件过渡表面相对的刀面称为（　　）。

A. 前面　　B. 主后面

C. 副后面　　D. 待加工表面

3. 刀具上的主切削刃担负着主要的切削工作，在工件上加工出（　　）表面。

A. 待加工　　B. 过渡

C. 已加工　　D. 过渡表面和已加工

4. 对于车削，一般可认为（　　）是铅垂面。

A．基面和切削平面　　B．基面和正交平面

C．基面　　D．切削平面和正交平面

5．在基面内测量的基本角度是（　　）。

A．刀尖角　　B．刃倾角

C．主后角　　D．主偏角

6．加工台阶轴，车刀的主偏角应选（　　）。

A．45°　　B．60°

C．75°　　D．等于或大于 90°

7．副偏角是在（　　）内测量的角度。

A．基面　　B．副切削平面

C．副正交平面　　D．切削平面

8．车削塑性大的材料时，可选（　　）的前角。

A．较大　　B．较小　　C．零度　　D．负值

9．为保证成形工件截面精度，成形刀应取（　　）的前角。

A．较大　　B．较小　　C．零度　　D．负值

10．若使用高速钢车刀车材料为 45 钢的轴，前角应选（　　）。

A．1° ~ 5°　　B．5° ~ 8°

C．10° ~ 15°　　D．20° ~ 25°

11．车刀后角 α_o 一般选择（　　）。

A．1° ~ 2°　　B．-5° ~ 35°

C．4° ~ 12°　　D．45° ~ 60°

12．车刀前面与切削平面间的夹角小于或等于 90° 时，前角为（　　）。

A．正值　　B．零度

C．负值　　D．负值或零度

E．正值或零度

13．刃倾角是（　　）与基面的夹角。

A．前面　　B．切削平面

C．后面　　D．主切削刃

14．刃倾角为负值时，切屑流向工件的（　　）表面。

A．待加工　　B．已加工

C．过渡　　D．任意

15．精加工用的成形刀，刃倾角最好取（　　）值。

A．负　　B．正　　C．零　　D．任意

16．车削时，切屑排向工件已加工表面的车刀，此时刀尖位于主切削刃的（　　）点。

A．最高　　B．水平　　C．最低　　D．任意

17．高速钢刀具材料可耐（　　）℃左右的高温。

A．250　　B．300　　C．600　　D．100

18．（　　）是根据我国资源的实际情况而研制的刀具材料，使用将逐渐增多。

A．W18Cr4V　　B．W6Mo5Cr4V2

C．W9Cr4V2　　　　　　　　　　D．W9Mo3Cr4V

19．用 P10（YT15）硬质合金车刀车削中碳钢时的切削速度可达（　　）m/min 左右。

A．100　　　B．220　　　C．500　　　D．1 000

20．（　　）硬质合金适用于加工钢或其他韧性较大的塑性金属，不宜用于加工脆性金属。

A．K 类　　　B．P 类　　　C．M 类　　　D．P 类和 M 类

21．粗车铸铁，应选用（　　）代号的硬质合金车刀。

A．K01　　　B．K30　　　C．P01　　　D．P30

22．精车 45 钢台阶轴，应选用（　　）代号的硬质合金车刀。

A．K01　　　B．K30　　　C．P01　　　D．P30

23．断续切削塑性金属，精加工时选用的刀具材料代号是（　　）。

A．P01　　　B．P30　　　C．K01　　　D．K30

24．精加工长切屑或短切屑的黑色金属和有色金属时，适用的刀具材料代号是（　　）。

A．K01　　　B．P01　　　C．M10　　　D．M20

四、简答题

1．车刀切削部分有哪些主要角度？

2．什么是车刀的主偏角？如何选择车刀的主偏角？

3．什么是车刀的前角？如何选择车刀的前角？

4．刃倾角有什么作用？刃倾角对排出切屑有什么影响？如何选择刃倾角？

5．刀具切削部分的材料必须具备哪些基本性能？

五、应用题

1．指出图 1–2 中车刀切削部分各几何要素的名称。

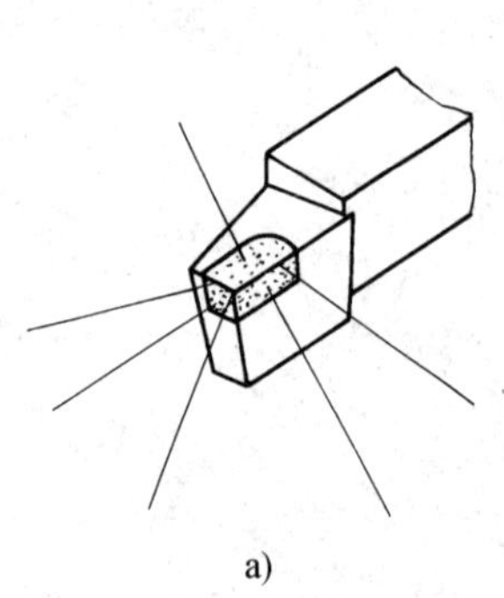
a)

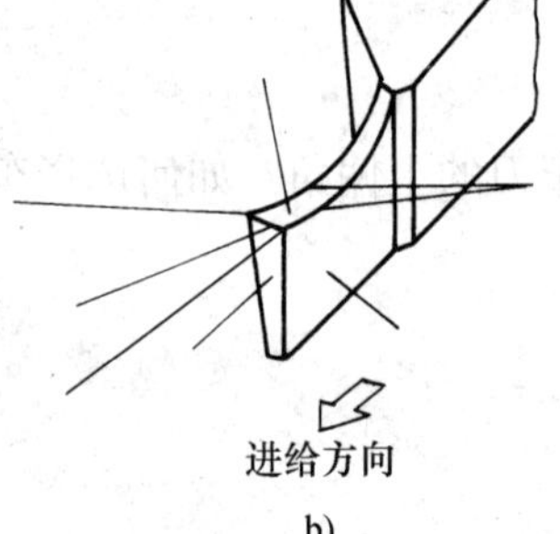

b)

图 1–2

2．指出图 1–3 中车刀的主切削刃、副切削刃及刀尖。

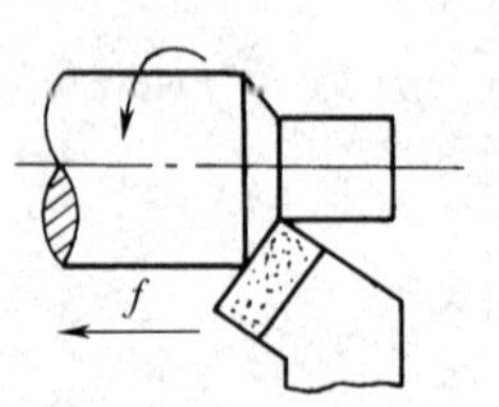

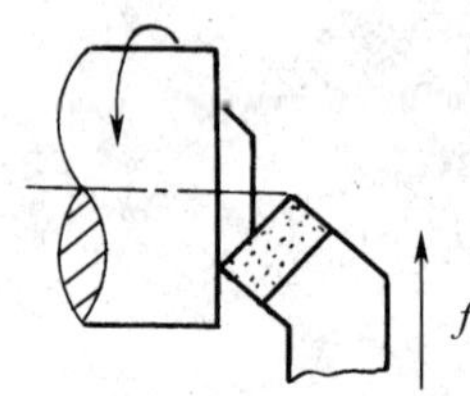

图 1–3

3. 用规定的刀具角度符号在图 1–4 中填写出该车刀的 6 个基本角度，并判断出测量车刀角度所在的基准坐标平面。

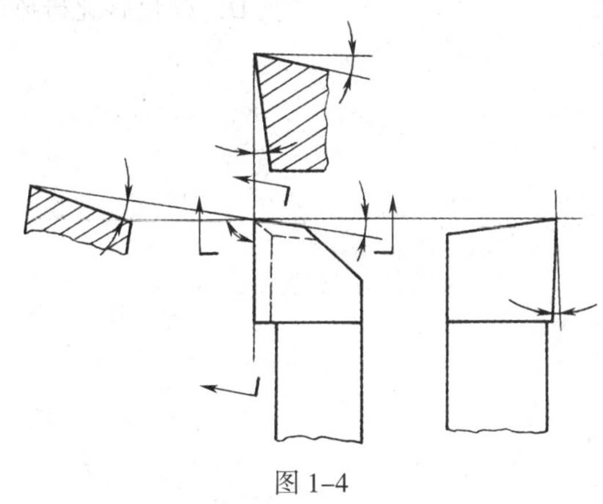

图 1–4

课题四　车刀的刃磨

一、填空题（将正确答案填在横线上）

1. 刃磨车刀的砂轮大多采用________形砂轮。按其磨料不同，常用的砂轮有________砂轮和________砂轮两类。

2. 刃磨时，车刀应放在砂轮的__________，刀尖略微上翘________，车刀接触砂轮后应做左右方向________移动，车刀离开砂轮时，刀尖需________，以免砂轮碰伤已磨好的刀刃。

3. 负倒棱的刃磨方法有________和________两种。为了保证切削刃的质量，最好采用________。

二、判断题（正确的打“√”，错误的打“×”）

1. 粗磨车刀切削部分的副后面时，能同时磨出副偏角和副后角。（　　）

2. 一般用砂轮端面磨削前面。（　　）

3. 刃磨断屑槽时的起点位置应该与刀尖、主切削刃离开一定距离，防止主切削刃和刀尖被磨坍。（　　）

三、选择题（将正确答案的代号填在括号内）

1. 刃磨 90° 硬质合金焊接车刀，其刀柄部分可选用（　　），粗磨车刀切削部分宜选用（　　），精磨车刀切削部分宜选用（　　）。

A. 细油石　　B. 白色氧化铝砂轮

C. 金刚石　　D. 绿色碳化硅砂轮

2．手工刃磨的车刀还应用（　　）研磨其刀刃。

A．细油石　　B．白色氧化铝砂轮

C．金刚石　　D．绿色碳化硅砂轮

四、简答题

1．如何鉴别砂轮？

2．刃磨车刀时，砂轮的选择原则是什么？

3．简述刃磨车刀时的安全注意事项。

4．如何刃磨车刀的负倒棱？

5．如何刃磨车刀的刀尖？

课题五　工件的装夹和找正

一、填空题（将正确答案填在横线上）

1．根据轴类工件的形状、大小、加工精度和数量的不同，常用____________装夹、____________装夹、____________装夹和__________装夹。

2．三爪自定心卡盘的规格是卡盘直径，常用的有________mm、________mm、________mm 三种。

3．三爪自定心卡盘的卡爪是________运动的，四爪单动卡盘的卡爪是____________运动的。

4．三爪自定心卡盘装夹工件__________、__________，夹紧力较______，适用于装夹____________的_________工件。

5．四爪单动卡盘的规格是卡盘直径，常用的有________mm、________mm、______mm 三种。

6．四爪单动卡盘夹紧力________，适用于装夹______或形状_________的工件。

7．根据工件装夹部位的尺寸调整卡爪，使相对的两卡爪间的距离稍________工件装夹部位的尺寸，装夹时的顺序是________的卡爪移动，再移动另两相对应卡爪。卡爪的位置是否与主轴回转中心________，可参考卡盘平面上的多圈________。

8．工件被夹持部分的长度一般为________mm 左右。

9．顶尖的作用是__________、____________和__________。

10．前顶尖有装夹在____________的前顶尖和____________前顶尖两种结构。

11．后顶尖有________顶尖和________顶尖两种。

12．固定顶尖的特点是刚度____，定心________，但只适用于__________加工精度要求________的工件。

二、判断题（正确的打“√”，错误的打“×”）

1．由于三爪自定心卡盘的三个卡爪是同步运动的，能自动定心，因此工件装夹后不需要进行找正。（　　）

2．当三爪自定心卡盘因使用时间较长而已失去应有的精度，而工件的加工精度要求又较高时，也需要找正。（　　）

3. 粗加工时可用百分表找正工件毛坯表面。 (　　)

4. 找正工件时，将主轴箱变速手柄置于低速位置。 (　　)

5. 在四爪单动卡盘上装夹找正工件，用手转动卡盘，观察工件表面与划针尖间的间隙大小，然后根据间隙大小调整两卡爪的相对位置，调整量为间隙差值。 (　　)

6. 在四爪单动卡盘上装夹工件，找正时必须同时松开两只卡爪。 (　　)

7. 盘类工件找正时，不仅要找正外圆柱面，还需要找正工件的端面。 (　　)

8. 对需要经过多次装夹或工序较多的工件，采用两顶尖装夹比一夹一顶装夹易保证加工精度。 (　　)

9. 一夹一顶装夹比两顶尖装夹的刚度差。 (　　)

10. 固定顶尖只适用于低速加工精度要求较高的工件。 (　　)

11. 使用回转顶尖比固定顶尖车出工件的精度高。 (　　)

三、选择题（将正确答案的代号填在括号内）

1. 对于直径较大而轴向长度不大的盘形工件，可将百分表触头（　　）指向工件端面的外缘处。

A. 平行　　B. 垂直

C. 夹角 α 大于 15°

2. 百分表触头预先压下（　　）mm，再回转工件。

A. 0.5 ~ 1　　B. 2

C. 5

四、简答题

1. 在车床上加工轴类和盘类工件的常用装夹方法有哪些？各有什么特点？各适用于什么场合？

2. 简述用划针找正工件的方法。

3. 简述安装并找正顶尖的方法。

第二单元　车轴类工件

课题一　车外圆、端面和台阶

一、填空题（将正确答案填在横线上）

1. 轴类工件一般由________、________、________、________、________、________和________等结构要素构成。

2. 车削轴类工件一般可分为________和________两个阶段。

3. 粗车刀必须适应粗车时________和________的特点，主要要求车刀有足够的________，能一次________车去较多的余量。

4. 为了增加切削刃强度，主切削刃上应磨有________。

5. 常用的断屑槽有________和________两种，其尺寸主要取决于________和________。

6. 精车时要求车刀________，切削刃________，必要时还可磨出________。切削时必须使切屑排向工件________表面。

7. 倒棱的宽度一般为进给量的________倍，修光刃的长度一般为进给量的________倍。

8. 常用的车外圆、端面和台阶所用车刀，其主偏角有______、______和______等几种。

9. 75° 车刀的刀尖角 ε_r____90°，刀尖强度好，适用于________轴类工件的外圆和对加工余量较大的铸锻件外圆进行________，75° 左车刀还适用于车削________的大端面。

10. 90° 车刀又称偏刀，按进给方向分为________和________两种。其中右偏刀一般用来车削工件的________、________和________。

11. 左偏刀一般用来车削________和________，也适于车削直径较大和长度较短工件的________。

12. 若选用 90° 外圆车刀车削端面，应采取由________向________车削的方法。

13. 精车的目的是控制背吃刀量，保证工件的________。________是保证工件尺寸精度的一个较好的方法。

14. 游标卡尺是车工应用最多的通用量具，常用的游标卡尺有____型、____型、____型等几种。

15. Ⅰ型游标卡尺的________用于测量工件的外径和长度，________用于测量孔径和槽宽，________也可以用来间接测量孔距，________可用来测量工件的深度和台阶的长度。

16. 游标卡尺的精度（游标读数值）有______mm、______mm 和______mm 三种。

二、判断题（正确的打“√”，错误的打“×”）

1．粗车刀的主偏角越小越好。（　　）

2．粗车刀一般应磨出过渡刃，精车刀一般应磨出修光刃。（　　）

3．外圆精车刀应选用负值的刃倾角，以使切屑排向工件的待加工表面。（　　）

4．精车刀的修光刃长度尽量长些。（　　）

5．车削塑性材料时，应在车刀前面磨出断屑槽。（　　）

6．与 75° 和 90° 车刀相比，45° 车刀刀尖强度好，最为耐用，因此应用最为广泛。（　　）

7．用右偏刀车端面，如果车刀由工件外缘向中心进给，当背吃刀量较大时，容易形成凹面。（　　）

8．使用刻度盘时要反向先转动适当角度，再正向慢慢摇动手柄，带动刻度盘到所需的格数。（　　）

9．使用刻度盘时如果摇动时不慎多转动了 6 格，这时直接摇动手柄使刻度盘退回 6 格即可。（　　）

10．车削时应先进刀后启动车床，车削完毕时先退刀再停止车床，否则车刀容易损坏。（　　）

11．确定背吃刀量的零点位置，然后反向摇动中滑板手柄，此时床鞍手轮不动，使车刀向右离开工件 3 ~ 5 mm。（　　）

12．粗车时，台阶的长度因留精车余量而略长。（　　）

13．当床鞍纵向进给快碰到挡铁时，应改机动进给为手动进给。（　　）

14．Ⅱ型游标卡尺的量爪配置与Ⅰ型游标卡尺相同，游标部分则与Ⅲ型相同，增加了微动装置，无深度尺。（　　）

15．测得尺寸后，最好把游标卡尺紧固螺钉旋紧后再读数，以防尺寸变动。（　　）

16．车削毛坯时，由于表面氧化皮较硬，车刀容易磨损，因此进刀应小些。（　　）

三、选择题（将正确答案的代号填在括号内）

1．粗车刀必须适应粗车时（　　）的特点。

A．吃刀深、转速低　　B．进给快、转速高

C．吃刀深、进给快　　D．吃刀浅、进给快

2．粗车外圆时，若车刀前角过小会使切削力（　　）。

A．增大　　B．减小　　C．为零　　D．不变

3．粗车钢料外圆时，车刀主切削刃的倒棱前角为（　　）。

A．−30° ~ −10°　　B．−10° ~ −5°

C．−15° ~ 5°　　D．15° ~ 30°

4．外圆粗车刀的刃倾角一般取负值，以（　　）。

A．减小表面粗糙度值　　B．有利于断屑

C．增加刀头强度　　D．增加刀刃强度

5．工件外圆形状许可时，粗车刀的主偏角最好选（　　）左右。

A．45°　　B．75°　　C．90°　　D．93°

6．粗车外圆时，倒角刀尖偏角应磨成（　　）倍的主偏角。

A．1/4　　B．1/2　　C．1　　D．2

7．粗车时前角和后角取值应（　　）。

A．较大些　　B．较小些

C．很小　　D．很大

8．在车刀主切削刃上磨有倒棱是为了增加（　　）。

A．刀尖强度　　B．刀刃强度

C．刀头强度　　D．车刀锋利度

9．粗车外圆时，倒角刀尖长度应刃磨成（　　）mm。

A．0.2 ~ 0.5　　B．0.5 ~ 2

C．2 ~ 4　　D．4 ~ 8

10．外圆精车刀上刃磨修光刃的目的是（　　）。

A．增加刀头强度　　B．减小表面粗糙度值

C．改善刀头散热情况　　D．使车刀锋利

11．外圆精车刀的刃倾角应取（　　）。

A．正值　　B．负值　　C．零　　D．零或负值

12．车外圆用的横刃精车刀，在主切削刃上一般磨成（　　）的刃倾角。

A．−30° ~ −10°　　B．−10° ~ 0°

C．0° ~ 15°　　D．15° ~ 30°

13．由于工件是旋转的，用中滑板刻度盘横向进刀时，直径上被切除的金属层是中滑板刻度盘的刻度值的（　　）倍。

A．1/4　　B．1/2

C．1　　D．2

14．（　　）刻度盘的刻度值，直接表示工件长度方向上的切除量。

A．床鞍　　B．小滑板

C．中滑板　　D．尾座

15．粗车装夹 90° 车刀时，实际主偏角 κ_r 一般取（　　）。

A．85° ~ 90°　　B．75° ~ 85°

C．60° ~ 75°　　D．90° ~ 95°

16．精车装夹 90° 车刀时，实际主偏角 κ_r 一般取（　　）。

A．85° ~ 90°　　B．75° ~ 85°

C．60° ~ 75°　　D．90° ~ 93°

17．当车至台阶面时，变纵向进给为（　　）进给，移动中滑板由里向外慢慢精车台阶平面，以确保其对轴线的垂直度要求。

A．纵向　　B．横向

C．斜向　　D．斜向和横向

18．Ⅰ型游标卡尺的测量范围为（　　）mm，Ⅱ型游标卡尺的测量范围有（　　）mm 和（　　）mm 两种，Ⅲ型游标卡尺的测量范围有（　　）mm 和（　　）mm 两种。

A．0 ~ 150　　　　B．0 ~ 200

C．0 ~ 300　　　　D．0 ~ 50

19．台阶长度尺寸可用（　　）或（　　）进行测量，平面度和直线度误差可用（　　）和（　　）检测，端面、台阶平面对工件轴线的垂直度误差可用（　　）或标准套和（　　）检测。

A．钢直尺　　　　B．游标深度卡尺

C．刀口形直尺　　　　D．塞尺

E．百分表　　　　F．直角尺

四、简答题

1．车台阶轴常用哪几种车刀？各有什么用途？

2．车台阶轴时对粗车刀有什么要求？如何选用？

3．车台阶轴时对精车刀有什么要求？如何选用？

4．横槽精车刀有什么特点？

5．在装夹车刀时应符合哪些要求？

6．为了使车刀刀尖对准工件回转中心，通常采用哪些方法？

7．简述中滑板进刀的方法。

8．简述台阶长度尺寸的控制方法。

9．简述在工件外圆上刻线痕的方法。

10．简述精度为 0.02 mm 的游标卡尺的读数方法。

五、应用题

1．用 45° 车刀粗车端面时，如果工件材料为 45 钢，试在图 2–1 中填上 45° 车刀的几何参数值。

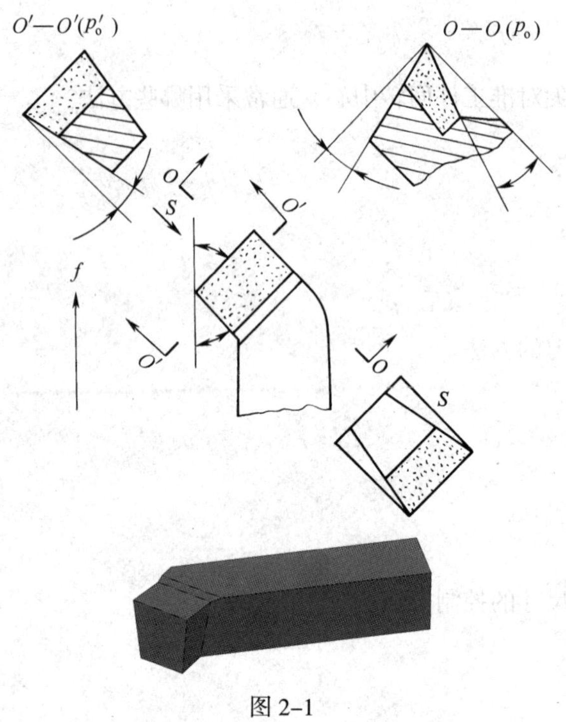

图 2–1

2．读出图 2–2 所示游标卡尺所表示的尺寸。

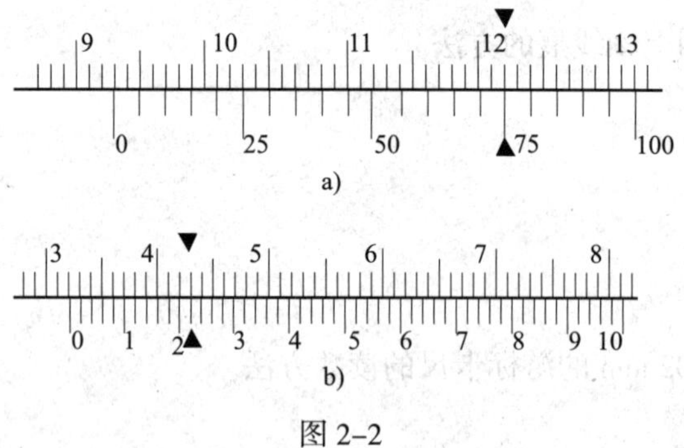

图 2–2

课题二　钻中心孔、车台阶轴

一、填空题（将正确答案填在横线上）

1. 半精车、精车时，进给量的选择主要受____________的限制。

2. 在数控车床上车削工件时，切削速度可选择______些。

3. 为了测量方便，可以把切削力分解为__________、__________和__________三个分力。

4. 当主偏角 κ_r 增大时，_______力减小，_______力增大。

5. 切削液主要有_________、_________和_____等作用。对于精加工，_______作用就显得更加重要。

6. 车削时常用的切削液有_________切削液和_________切削液两大类。其中乳化液属于_________切削液，_________切削液主要起润滑作用。

7. 中心孔的基本尺寸为______________，它是选取中心钻的依据。

8. 国家标准规定中心孔有____型、____型、____型和____型四种。

9. 在钻夹头上安装中心钻时，用钻夹头钥匙_______方向旋转钻夹头的外套，使钻夹头的三个爪张开，然后将_______插入三个夹爪之间，再用钻夹头钥匙______方向转动钻夹头外套，通过三个夹爪将中心钻夹紧。

10. 钻夹头柄部与车床尾座锥孔大小不吻合，可增加合适_______后再插入尾座套筒的锥孔内。

11. 外径千分尺是各种千分尺中应用最多的一种，简称_________，主要用于测量工件______和______尺寸。外径千分尺的测量精度为______mm，高于游标卡尺的测量精度。

12. 由于测微螺杆的长度受到制造上的限制，其位移量一般为_______mm。因此，按测量范围分，常用外径千分尺的规格有_______mm、_______mm、_______mm、_______mm 等。

13. 常用的百分表有_______和_______两种。

14. 百分表和千分表是一种_______量仪。

15. 一般用_______来测量轴类工件的圆柱度误差。

16. 指示表应固定在_______或指示表_______上使用，表架上的接头即伸缩杆，可以调节指示表的上下、前后、左右位置。

17. 测量前，应转动指示表表圈，使表的长指针对准“_______”刻线。

18. 测量平面或工件的外圆时，钟面式指示表的测杆应与被测平面或轴类工件中心线_______且位于最_______点处。

19. 精密测量时一定要使工件和量具、量仪都在_______℃的情况下进行测量。一般可在室温下进行测量，但必须使工件与量具的温度_______。

二、判断题（正确的打“√”，错误的打“×”）

1. 一般情况下，在数控车床上所留的精车余量比在卧式车床上的要小。（ ）

2. 加工碳钢时，如果切屑变黑或有火花，表明切削温度过低，此时应提高切削速度。（ ）

3. 盘旋状切屑体积小，不容易堵塞在卷屑槽内，产生的切削力小，不易把切削刃挤坏。（ ）

4. 一般来讲，断屑槽的宽度 L_{Bn} 减小，则卷曲变形和弯曲应力 σ 减小，容易断屑。（ ）

5. 在背吃刀量和进给量已选定的条件下，主偏角 κ_r 越大，越易断屑。（ ）

6. 工件材料的强度和硬度越高，车刀的前角越大，车削时的切削力就越大。（ ）

7. 用高速钢刀具粗加工和对钢料精加工时用极压乳化液。（ ）

8. 用硬质合金车刀切削时，一般不加切削液。如果使用切削液，必须从开始就连续充分地浇注。（ ）

9. 浇注法是一种简便易行、应用广泛的方法，一般车床均有这种冷却系统。这种方法一般用于半封闭加工或车削难加工材料的场合。（ ）

10. R 型中心孔的形状与 C 型中心孔相似，只是将 C 型中心孔的 60° 圆锥面改成圆弧面，这样使其与顶尖的配合变成线接触。（ ）

11. 圆锥孔的圆锥角一般为 60°，重型工件用 75° 或 90°。它与顶尖锥面配合，起定心作用并承受工件重力和切削力，因此圆锥孔的表面质量要求较高。（ ）

12. 圆柱孔直径 $d \leqslant 6.3$ mm 的中心孔常用高速钢制成的中心钻直接钻出，$d>6.3$ mm 的中心孔常用锪孔或车孔等方法加工。（ ）

13. 钻削时取较低的转速，进给量小而均匀，当中心钻进入工件后应及时加切削液进行冷却和润滑。（ ）

14. 中心孔钻毕时，中心钻在孔中稍作停留，以修光中心孔，提高中心孔的形状精度和表面质量。（ ）

15. 外径千分尺属于测微螺旋量具。（ ）

16. 千分尺在测量前必须校正零位。（ ）

17. 千分尺固定套管直线距离为每格 1 mm。（ ）

18. 千分尺测微螺杆的移动量通常为 40 mm。（ ）

19. 千分尺测微螺杆移动 0.01 mm，微分套筒应转 1/100 r。（ ）

20. 当被测工件数量较多或批量生产中小工件时，也可将千分尺固定在尺架上。（ ）

21. 测量轴类工件的圆柱度误差时，只要在被测表面的全长上取前、后、中几点，比较其测量值，其最大值与最小值之差的一半即为被测表面全长上的圆柱度误差。（ ）

22. 用两顶尖装夹测量轴类工件的轴向圆跳动误差时，先把杠杆式指示表的圆测头靠在需要测量的左侧或右侧端面上，转动工件，测得指示表读数差的一半就是轴向圆跳动误差。（ ）

23. 用两顶尖装夹测量轴类工件的径向圆跳动误差时，先把杠杆式指示表的圆测头放

在需要测量的外圆上，转动工件，测得指示表读数差的一半就是径向圆跳动误差。（　　）

24. 测量时，百分表测杆的行程不要超过它的示值范围，以免损坏表内零件。（　　）

25. 机床运行时可以用量具和量仪测量工件，以减少辅助时间，提高效率。（　　）

26. 量具和量仪绝对不能作为其他工具的代用品。（　　）

27. 使用者发现量具和量仪有不正常现象时，应及时自行拆开修理。（　　）

三、选择题（将正确答案的代号填在括号内）

1. 半精车、精车时选择切削用量应首先考虑（　　）。

A. 提高生产效率　　B. 保证加工质量

C. 提高刀具寿命　　D. 保证加工质量和提高刀具寿命

2. 加工碳钢时，如果（　　），说明采用的切削速度适当。

A. 切屑为暗褐色或蓝色　　B. 切屑为银白色或黄色

C. 切屑变黑　　D. 有火花

3. 车削时，比较理想的屑形是短屑中的（　　）切屑和长度在 100 mm 左右的短环形螺旋状切屑、短锥形螺旋切屑。

A. 平盘旋状　　B. 锥盘旋状

C. 针形　　D. 短弧形

4. 切削用量中对断屑影响最大的是（　　）。

A. 背吃刀量　　B. 进给量

C. 切削速度　　D. 背吃刀量和切削速度

5. 刀具角度中以主偏角 κ_r 和（　　）对断屑的影响最为明显。

A. 副偏角κ_r'　　B. 前角 γ_o

C. 后角 α_o　　D. 刃倾角 λ_s

6. 一般车削时，当背吃刀量 a_p 不变，进给量 f 增大 1 倍时，主切削力 F_c 约增大（　　）。

A. 20% ~ 30%　　B. 50%

C. 70% ~ 80%　　D. 120%

7. 国内外推广使用的节省能源、有利环保的高性能切削液是（　　）。

A. 水溶液　　B. 乳化液

C. 复合油　　D. 合成切削液

8. 钻削、铰削和加工深孔等半封闭状态下，优先选用黏度较小的（　　）。

A. 水溶液　　B. 矿物油

C. 动植物油　　D. 极压乳化液或极压切削油

9. A 型、B 型、C 型中心孔的圆锥角一般为（　　）。

A. 30°　　B. 40°　　C. 50°　　D. 60°

10. 当工件的精度要求较高或工序较多时，可选用（　　）型中心钻。

A. A　　B. B　　C. C　　D. R

11. 调整锥度时，如果车出工件（　　）直径大，（　　）直径小，尾座应向操作者方向移动；如果车出工件（　　）直径小，（　　）直径大，尾座移动方向则相反。

A．左端　　　　B．右端

四、名词解释

1．切削过程

2．切削力

3．主切削力

4．背向力

5．进给力

6．切削液

7．极压切削油

五、简答题

1．粗车时，切削用量的选择原则是什么？为什么？

2．使用切削液时应注意什么问题？

3．用硬质合金车刀对钢料工件进行粗加工和精加工时，如何选用切削液？

4．钻中心孔时，中心钻折断的原因是什么？

5．简述使用一夹一顶和用两顶尖装夹工件时的注意事项。

6．简述千分尺的读数方法。

六、应用题

判断图 2–3 所示千分尺的分度值，并读出所表示的尺寸。

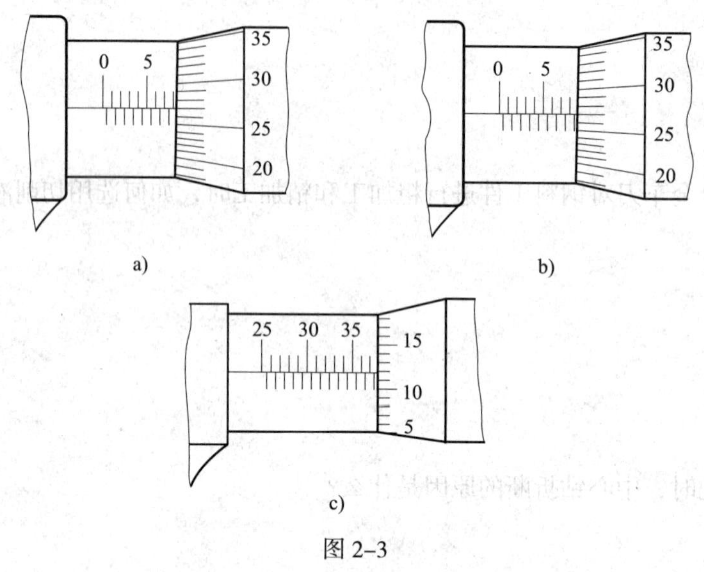

图 2–3

课题三　车槽和切断

一、填空题（将正确答案填在横线上）

1．用硬质合金切断刀进行切断时，为使排屑顺利，可将主切削刃两边__________磨成___________。

2．切断直径较大的工件时，为了减少振动，有利于排屑，可采用___________法。

3．车削较小的梯形槽，一般以______刀一次车削完成。较大的梯形槽，通常先车削______槽，然后用梯形刀采用__________法或_________法完成。

4．精度要求较低的矩形沟槽，可用________和________检测其宽度和直径。

5．精度要求较高的矩形沟槽，通常用__________和__________检测。

6．圆头车槽刀的刃磨方法是以左手握车刀______端为支点，用右手转动车刀______部。

二、判断题（正确的打“√”，错误的打“×”）

1．切断管料时，切断刀刀头长度必须比管子外径的一半长 2 ～ 3 mm。（　　）

2．切断时的切削速度是不变的。（　　）

3．斜刃切断刀可使切下工件的端面不留凸头，或使切下的带孔工件不留边缘。（　　）

4．使用高速钢切断刀时进给量要选大些，使用硬质合金切断刀时进给量要选小些。（　　）

5．切断时，为增加刀头的支撑刚度，常将切断刀的刀头下部做成凸圆弧形。（　　）

6．用硬质合金切断刀切断时，不能加注切削液。（　　）

7．使用反切刀切断时，由于工件重力与切削力的方向相反，大小相等，所以不易引起振动。（　　）

8．切断刀的卷屑槽不宜磨得太深，一般为 0.75 ~ 1.5 mm。（　　）

9．刃磨切断刀和车槽刀的两侧副后角和副偏角时，均可以为负值。（　　）

10．安装车槽刀时，刀头轴线应与工件轴线垂直，否则车出的槽壁可能不平直。主切削刃必须装得与工件中心等高，可用直角尺检查副偏角。（　　）

11．刃磨车槽刀时，应使砂轮火花在主切削刃处最后离开而主切削刃前面未被磨低。（　　）

三、选择题（将正确答案的代号填在括号内）

1．切断刀有（　　）个刀尖。

A．1　　B．2　　C．3　　D．4

2．切断刀有（　　）个刀面。

A．2　　B．3　　C．4　　D．5

3．切断刀的主偏角一般取（　　）。

A．45°　　B．90°　　C．75°　　D．118°

4．切断刀的两个副偏角均为（　　）。

A．1° ~ 1.5°　　B．1.5° ~ 3°

C．3° ~ 4°　　D．4° ~ 5°

5．用高速钢切断刀切断中碳钢工件时，前角应取（　　）。

A．−10° ~ 0°　　B．0° ~ 15°

C．20° ~ 30°　　D．30° ~ 45°

6．用高速钢切断刀切断铸铁工件时，前角应取（　　）。

A．−10° ~ 0°　　B．0° ~ 10°

C．10° ~ 20°　　D．20° ~ 40°

7．高速钢切断刀的后角一般取（　　）。

A．5° ~ 7°　　B．2° ~ 4°

C．10° ~ 12°　　D．12° ~ 15°

8．切断刀的两个副后角均取（　　）。

A．1° ~ 2°　　B．2° ~ 4°　　C．4° ~ 6°　　D．6° ~ 8°

9．切断刀的刃倾角一般取（　　）。

A．正值　　B．负值　　C．零

10．工件被切断处的直径为 49 mm，则切断刀主切削刃宽度应刃磨在（　　）mm 的范围内。

A．2 ~ 2.6　　　　B．3.5 ~ 4.2
C．4 ~ 4.6　　　　D．5 ~ 5.6

11．工件被切断处的直径为 80 mm，则切断刀刀头长度应刃磨在（　　）mm 的范围内。

A．42 ~ 43　　　　B．45 ~ 48
C．25 ~ 35　　　　D．35 ~ 40

四、简答题

1．简述弹性切断刀的优点。

2．简述反向切断法的优点。

3．简述槽宽较宽、精度较高的矩形槽的车削方法。

4．装夹切断刀时应注意什么？

5．简述切断的方法及其适用场合。

6．简述切断时产生振动的原因。

7．简述切断刀折断的原因。

8．简述高速钢切断刀的刃磨步骤。

五、计算题

1．切断直径为 64 mm 的实心工件，求切断刀的主切削刃宽度和切入长度。

2．切断外径为 50 mm、孔径为 28 mm 的空心工件，试计算切断刀的主切削刃宽度和刀头长度。

课题四　车简单轴类工件综合技能训练

一、填空题（将正确答案填在横线上）

1．车削铸锻件时，应先适当________后再车削，以避免损坏车刀。

2．轴类工件的定位基准通常选用________。

二、判断题（正确的打“√”，错误的打“×”）

1．用两顶尖装夹车削轴类工件，至少要装夹三次，即粗车第一端，掉头再粗车和精车另一端，最后精车第一端。（　　）

2．用一夹一顶或两顶尖装夹工件时，如果后顶尖轴线不在主轴轴线上，容易产生锥度。（　　）

3．由于切削热的影响，会使车出工件的尺寸发生变化。（　　）

4．车床主轴间隙过大，会使车出的工件产生锥度。（　　）

5．切削用量选用不当，会使工件表面粗糙度达不到要求。（　　）

三、选择题（将正确答案的代号填在括号内）

1．用两顶尖装夹时，产生圆度超差的原因是（　　）。

A．中心孔接触不良

B．后顶尖顶得不紧

C．前顶尖产生径向圆跳动

D．后顶尖产生径向圆跳动

2．车外圆时，表面粗糙度达不到要求的原因是（　　）。

A．切削热的影响　　　　B．机动进给没有及时关闭

C．尺寸计算错误　　　　D．振动

四、简答题

1．车削轴类工件外圆时，产生锥度的原因是什么？

2．车削轴类工件时，表面粗糙度达不到要求的原因是什么？

3．怎样防止和消除车削时的振纹？

五、应用题

1．图 2–4 所示的台阶轴，工件材料为热轧圆钢，材料牌号为 45 钢，毛坯尺寸为 ϕ65 mm × 205 mm，数量为 150 件。试写出该工件的车削工艺步骤。

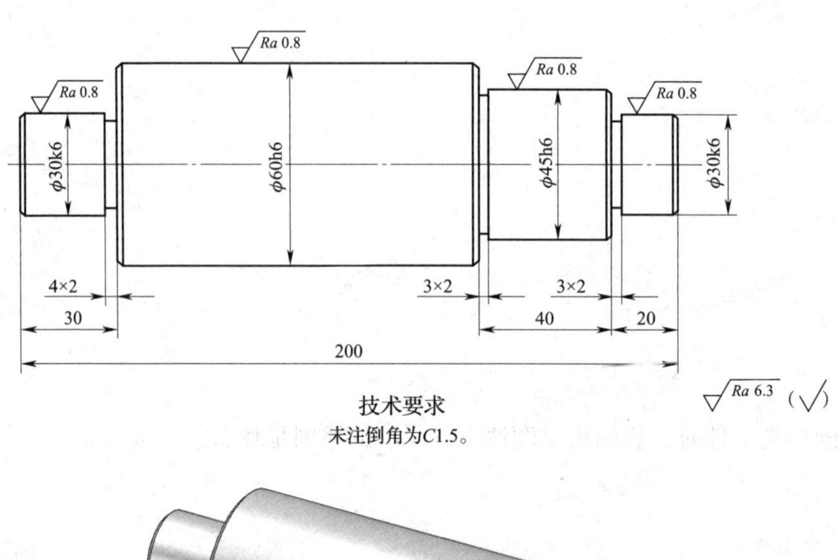

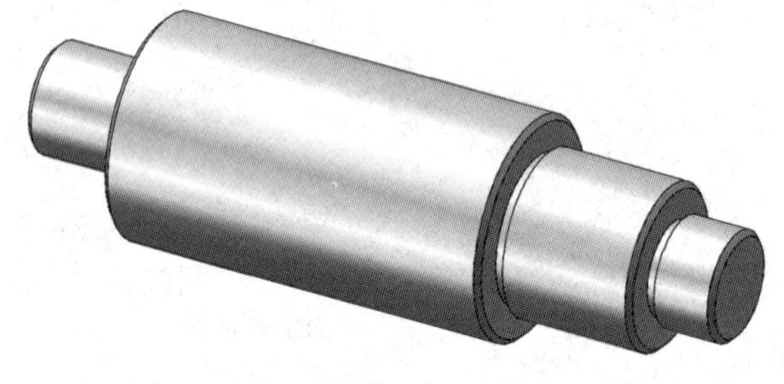

图 2–4

2. 图 2–5 所示的台阶轴，工件材料为热轧圆钢，材料牌号为 45 钢，毛坯尺寸为 ϕ35 mm × 125 mm，数量为 10 件。写出该工件的车削工艺步骤。

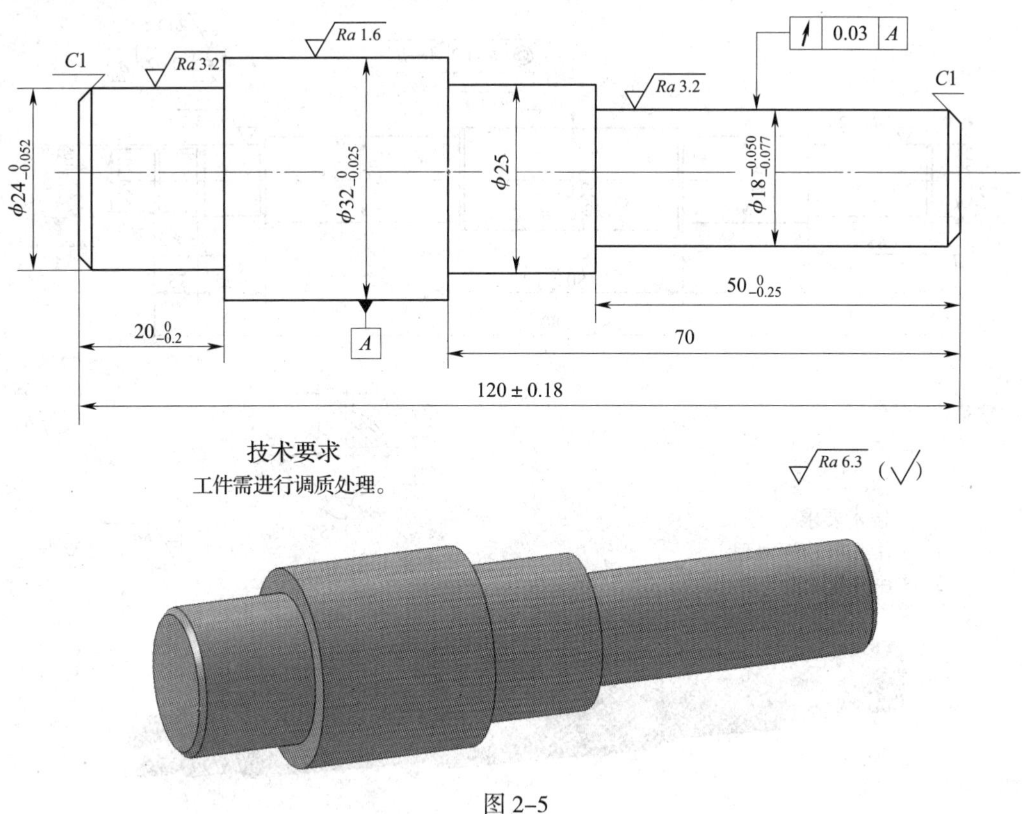

图 2–5

3. 图 2–6 所示的传动轴，工件材料为热轧圆钢，材料牌号为 45 钢，毛坯尺寸为 ϕ40 mm × 285 mm，数量为 10 件。试写出该工件的车削工艺步骤。

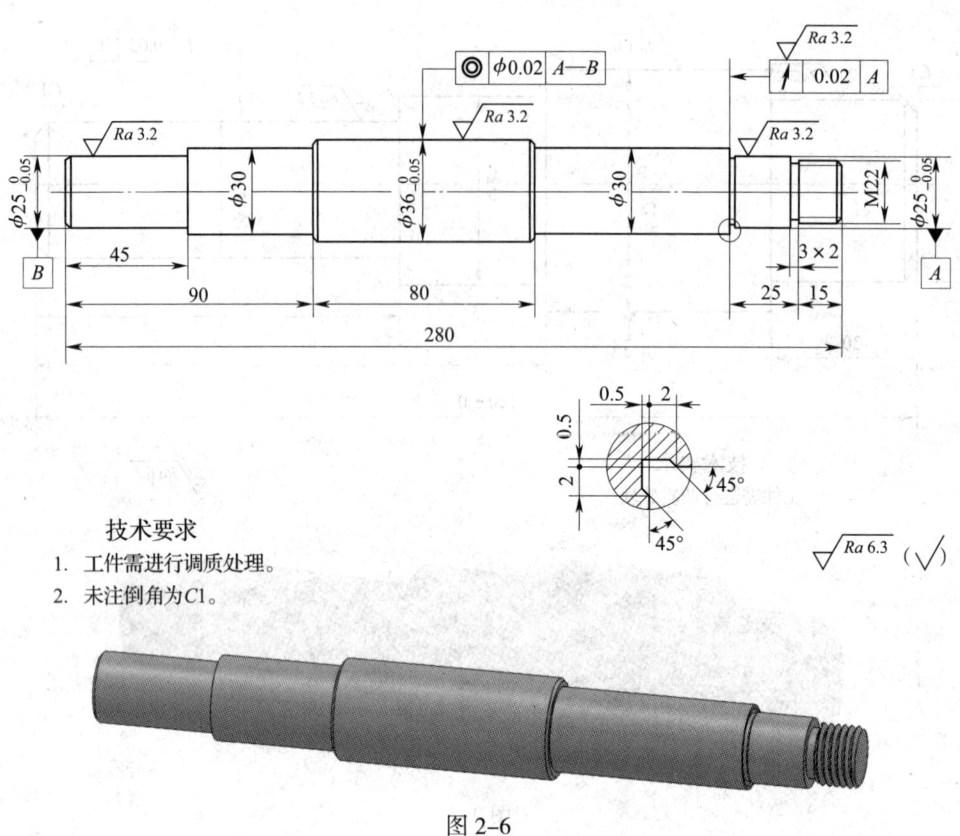

图 2–6

第三单元　车套类工件

课题一　钻孔、扩孔和锪孔

一、填空题（将正确答案填在横线上）

1. 钻头根据形状和用途不同，可分为________、________、________和________等。

2. 钻头一般用__________制成。由于高速切削的发展______________的钻头也得到了广泛的应用。

3. 麻花钻由__________、__________和____________组成。

4. 麻花钻的柄部在钻削时起______________和______________的作用，有__________和____________两种。

5. 麻花钻的工作部分由________部分和________部分组成。

6. 麻花钻的工作部分有两条螺旋槽，它的作用是__________、_________________和____________。

7. 麻花钻的导向部分在钻削过程中起________________、____________的作用，同时也是切削部分的________部分。

8. 麻花钻主切削刃上各点的前角数值是变化的，靠________处最大，自__________向________逐渐减小，约在钻头直径的____处，前角由________变为________。

9. 对麻花钻前角的变化影响最大的是____________。____________越大，前角也越大。

10. 麻花钻的后角在____________内测量。

11. 横刃斜角的大小由__________决定，__________增大时，横刃斜角就减小，横刃变____。

12. 麻花钻的横刃加长会使________力增大。

13. 麻花钻刃磨时，一般只刃磨两个__________，但同时要保证________、________和____________正确。

14. 刃磨不正确的麻花钻有______________、_________________、______________、____________等情况。

15. 麻花钻一般由__________材料制成，选择____色______砂轮。

16. 钻头______处的切削速度最高，磨损最______，因此可磨出__________，这样可以改善外缘转角处的散热条件，______钻头强度，并可______孔的表面粗糙度值。

17. 对于精度要求不高的内孔，可用麻花钻直接钻出。对于精度要求较高的内孔，钻孔后还要再经过____孔或____孔、____孔等加工才能完成，在选用麻花钻直径时，应留出________。一般孔直径在 30 mm 以下的可选择比孔径小______mm 的钻头尺寸。

18. 如果麻花钻的锥柄和尾座套筒锥孔的规格不相同，可增加一个合适的________插入尾座锥孔中。

19. 扩孔精度一般可达________，表面粗糙度值可达________左右。

20. 常用的扩孔刀具有__________和__________等。

21. 精度要求一般的孔，扩孔可用____________；精度要求较高的孔，半精加工可用____________。

22. 扩孔时的背吃刀量是__________的一半。

23. 圆锥形锪钻有____、____和____等几种。

二、判断题（正确的打“√”，错误的打“×”）

1. 麻花钻的顶角为 118° 左右，横刃斜角为 55° 左右。 （ ）

2. 只有把麻花钻的顶角刃磨成 118° 时，钻头才能使用。 （ ）

3. 麻花钻的顶角大时，前角也大，切削省力。 （ ）

4. 麻花钻的最外缘处前角最大，后角最小。 （ ）

5. 在麻花钻的导向部分制出棱边是为了减小麻花钻与孔壁之间的摩擦。 （ ）

6. 刃磨麻花钻时，应使钻头轴心线与砂轮外圆柱面母线在水平面内的夹角等于顶角的 1/2，即 κ_r=59°，同时钻尾向下倾斜 1° ~ 2°。 （ ）

7. 一般情况下，工件材料较软时，横刃可修磨得短些；工件材料较硬时，横刃可少修磨些。 （ ）

8. 通常直径为 5 mm 以上的横刃需修磨。 （ ）

9. 一般情况下，工件材料较软时，可修磨外缘处前面，以加大前角，减小切削力，使切削轻快。 （ ）

10. 钻孔时不宜选择较高的机床转速。 （ ）

11. 孔将要钻穿时，进给量可以取大一些。 （ ）

12. 钻铸铁时进给量可比钢料略大一些。 （ ）

13. 选用麻花钻的长度时，应使导向部分（即麻花钻螺旋槽部分）越长越好。 （ ）

14. 钻孔前，中心处允许留有凸头。 （ ）

15. 钻孔起钻时进给力较小，故起钻时进给量要大。 （ ）

16. 即将把工件钻穿时，横刃不再起阻碍作用，故进给量要大。 （ ）

17. 钻削镁合金等金属材料时，应考虑其材料的性能，适当降低切削速度，减小进给量。 （ ）

18. 扩孔时进给量可比钻孔时大 1 倍。 （ ）

19. 扩孔时背吃刀量是扩孔钻直径的 1/2。 （ ）

20. 麻花钻切削刃的位置应略低于砂轮中心平面，以免磨出负后角。 （ ）

21. 要由麻花钻刃背磨向刃口，以免造成麻花钻刃口退火或刃口出现锯齿状。 （ ）

三、选择题（将正确答案的代号填在括号内）

1. 麻花钻上靠外缘处最小的角度是（ ）。

A. 螺旋角　　B. 前角　　C. 后角　　D. 横刃斜角

2. 标准麻花钻的螺旋角应为（　　）。

A. 15° ~ 20°　　B. 18° ~ 30°

C. 40° ~ 50°　　D. –30° ~ 30°

3. 麻花钻的名义螺旋角是指（　　）的螺旋角。

A. 外缘处　　B. 钻心处

C. 1/3 直径处　　D. 1/2 直径处

4. 对麻花钻前角影响最大的是（　　）。

A. 螺旋角　　B. 后角

C. 横刃斜角　　D. 顶角

5. 麻花钻的前角外缘处（　　），中心处（　　）；后角外缘处（　　），中心处（　　）。

A. 最大　　B. 最小　　C. 为 0°

6. 麻花钻前角的变化范围为（　　）。

A. 18° ~ 30°　　B. –30° ~ 30°

C. 8° ~ 12°　　D. –30° ~ 55°

7. 一般标准麻花钻的顶角为（　　）。

A. 118°　　B. 100°　　C. 150°　　D. 132°

8. 当麻花钻的两主切削刃呈凹曲线形状时，其顶角 $2\kappa_r$（　　）118°。

A. 大于　　B. 等于

C. 小于　　D. 大于或等于

9. 麻花钻的顶角增大时，前角（　　）。

A. 增大　　B. 减小　　C. 无影响

10. 麻花钻的横刃太短，会影响钻尖的（　　）。

A. 耐磨性　　B. 强度　　C. 抗振性　　D. 韧性

11. 钻出的孔扩大并且倾斜，是因为麻花钻的（　　）。

A. 顶角不对称　　B. 切削刃长度不等

C. 顶角不对称且切削刃长度不等

12. 修磨横刃时，钻头轴线在水平面内与砂轮侧面左倾约（　　），在垂直平面内与刃磨点的砂轮半径方向约成（　　）。

A. 15°　　B. 55°

C. 35°　　D. 118°

13. 钻孔时的背吃刀量是麻花钻的（　　）。

A. 直径尺寸　　B. 半径尺寸

C. 直径的 1/3　　D. 半径的 1/2

14. 用高速钢麻花钻钻钢料时的切削速度比钻铸铁时要（　　）。

A. 高些　　B. 低些

C. 无区别

15. 用高速钢麻花钻钻孔，若被钻削的材料为中碳钢，则选用（　　）切削液。

A. 1% ~ 2% 的低浓度乳化液　　B. 电解质水溶液或矿物油

C．3% ～ 5% 的中等浓度乳化液　　　D．10% ～ 20% 的高浓度乳化液

16．锪削圆柱孔直径 d>6.3 mm 中心孔的圆锥孔和护锥用（　　），孔口倒角和锪埋头螺钉孔用（　　）。

A．60° 锪钻　　　B．90° 锪钻

C．120° 锪钻

四、名词解释

1．钻孔

2．螺旋角

3．顶角

4．横刃

5．横刃斜角

6．扩孔

7．锪孔

五、简答题

1．麻花钻的刃磨要求有哪些？

2．麻花钻刃磨后的检查方法有哪几种？

六、计算题

1．用直径为 15 mm 的麻花钻钻孔，工件材料为 45 钢，若选用车床主轴转速为 710 r/min，求背吃刀量 a_p 和切削速度 v_c。

2．加工直径为50 mm的孔，先用ϕ30 mm的麻花钻钻孔，选用车床主轴转速为320 r/min，然后用同样的切削速度，用ϕ50 mm的麻花钻将孔扩大，求：

（1）扩孔时的背吃刀量。

（2）扩孔时车床主轴转速。

七、应用题

指出图3–1所示麻花钻的前面、主后面、副后面、主切削刃、副切削刃、横刃和棱边。

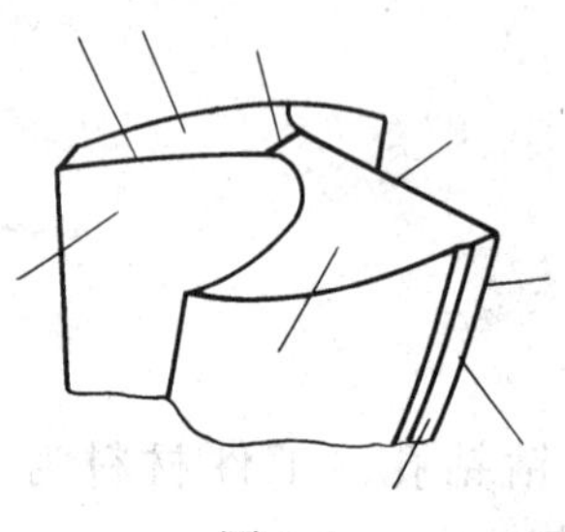

图3–1

课题二　车　　孔

一、填空题（将正确答案填在横线上）

1．车孔精度可达____________，表面粗糙度值可达____________，车孔还可以修正孔的__________。

2. 内孔车刀可分为__________和__________两种。

3. 盲孔车刀用来车削________或________。

4. 车平底盲孔时，刀尖在刀柄的_________，刀尖与刀柄外端的距离应_______内孔半径 R，否则孔底平面就无法车平。

5. 车直径较小的台阶孔，先粗、精车_________孔，再粗、精车_________孔。

6. 车削平底孔，选择比孔径小 1.5 ~ 2 mm 的钻头先钻出_________，其钻孔深度从麻花钻_________量起，并在麻花钻上刻线痕做记号，然后用相同直径的_________将底孔扩成平底，底平面处留余量_________mm。

7. 套类工件的测量项目主要包括________的测量、________的测量等内容。

8. 套类工件的形状误差常用____________来测量。

9. 测量方向误差、位置误差和跳动误差的常用量具是__________和____________。

10. 测量精度较高、深度较小的孔的孔径时，可采用_________。

11. 测量大于 ϕ50 mm 的精度较高、深度较大的孔的孔径时，可采用____________。

12. 测量 ϕ6 ~ 100 mm 的精度较高、深度较大的孔的孔径时，可采用_________。

13. 使用内径千分表测量，属于_______测量法。

二、判断题（正确的打“√”，错误的打“×”）

1. 前排屑通孔车刀的刃倾角为正值，后排屑盲孔车刀的刃倾角为负值。（ ）

2. 盲孔车刀的主偏角应大于 90°。（ ）

3. 盲孔车刀的副偏角应比通孔车刀大些。（ ）

4. 车孔时，若内孔车刀刀尖高于工件中心，则前角增大，后角减小。（ ）

5. 刀柄伸出刀架不宜过长，一般比被加工孔长 5 ~ 10 mm。（ ）

6. 车孔刀的装夹正确与否直接影响到车削情况及孔的精度，车孔刀装夹好后，在车孔前先在孔内试走一遍，检查有无碰撞现象，以确保安全。（ ）

7. 加工盲孔的平头钻，最好采用凹形钻心，以获得良好的定心效果。（ ）

8. 车孔时中滑板进、退方向与车外圆时相反。（ ）

9. 车削台阶孔时，要防止车孔刀与台阶碰撞，在车孔刀刀尖接近孔底面时，必须改手动进给为机动进给。（ ）

10. 内卡钳与千分尺配合使用也能测量出较高精度的孔径。（ ）

三、选择题（将正确答案的代号填在括号内）

1. 通孔车刀的主偏角一般取（ ），盲孔车刀的主偏角一般取（ ）。

A. 35° ~ 45°　　B. 60° ~ 75°　　C. 90° ~ 95°

2. 前排屑通孔车刀应选择（ ）刃倾角。

A. 正值　　B. 负值　　C. 零

3. 车孔时的进给量要比车外圆时小（ ），切削速度要比车外圆时低（ ）。

A. 20% ~ 40%　　B. 30% ~ 50%　　C. 10% ~ 20%

4. 用塞规检验内孔尺寸时，如通端和止端均进入孔内，则孔径（ ）。

A. 大　　B. 小　　C. 合格

5．用塞规检验盲孔时，如通端不能进入孔内，可能是（　　）。

A．孔径小　　B．孔径大　　C．塞规无排气孔

6．内径千分尺在孔内摆动，在直径方向找出（　　）读数，轴向找出（　　）读数，这两个重合读数就是孔的实际尺寸。

A．最大　　B．最小　　C．最大或最小

四、简答题

1．车孔的关键技术问题是什么？如何解决？

2．粗车时和精车时车孔深度的控制方法有哪些？

3．塞规通端和止端的基本尺寸各等于什么？

课题三　车内槽、平面槽和轴肩槽

一、填空题（将正确答案填在横线上）

1．常见的内槽有__________、______________、______________和__________等类型。

2．宽度较小和要求不高的内槽，可用主切削刃宽度等于槽宽的内槽车刀采用________法一次车出。

3．深度较浅、宽度很大的内槽，可用__________刀先车出凹槽，再用内槽车刀车槽两端的______________。

4．内槽深度（或内槽直径）一般用______________配合游标卡尺或千分尺测量。直径较大的内槽，可用______________的游标卡尺测量。

5．内槽的轴向位置尺寸可用______________测量。

6．端面直槽车刀的几何形状是______车刀与______车刀的综合。

7．装夹端面直槽车刀时，注意使其主切削刃____________工件轴线。

8．车端面直槽用的车槽刀，其左侧副后面必须磨成________形，并保证一定的后角。

二、判断题（正确的打“√”，错误的打“×”）

1．内槽车刀与切断刀的几何形状相似，装夹方向相同。（　　）

2．装夹内槽车刀时，应使主切削刃与内孔中心等高或略高，且主切削刃与轴线平行。（　　）

3．控制内槽深度，要根据内槽深度计算出中滑板的进给格数，并在进给终止相应刻度位置用记号笔做出标记或记下该刻度值。（　　）

4．中滑板刻度已到槽深尺寸，不要马上退出内槽车刀，应稍作停留。（　　）

5．内槽宽度可用样板检测，当孔径较大时可用游标卡尺测量。（　　）

6．刃磨圆弧轴肩槽刀时，右手握刀头前端为支点，左手转动刀柄尾部，使刀头成圆弧状，用样板修整。（　　）

三、选择题（将正确答案的代号填在括号内）

1．车平面直槽用的车槽刀，其两副后面必须磨成（　　）形，并保证一定的后角。

A．方　　　　B．圆弧

C．大平面

2．不属于平面槽的是（　　）。

A．平面直槽　　　　B．T 形槽

C．燕尾槽　　　　D．外圆平面槽

四、简答题

1. 简述内槽深度尺寸的控制方法。

2. 车平面直槽刀的几何形状有什么特殊要求？

3. 轴肩槽有哪几种形式？

课题四 铰 孔

一、填空题（将正确答案填在横线上）

1. 铰孔特别适合加工直径________、长度________的通孔。
2. 铰孔的精度可达________，表面粗糙度值可达______。
3. 铰刀由____________、________和________组成。
4. 铰刀的柄部有__________、__________和__________三种。
5. 铰刀的工作部分由____________、____________和________组成。
6. 铰刀按使用方式可分为________铰刀和________铰刀。
7. 铰孔前必须调整尾座套筒轴线，使其与主轴轴线重合，同轴度最好找正在______mm之内；或使用________套筒。

二、判断题（正确的打“√”，错误的打“×”）

1. 正值刃倾角铰刀不适用于加工盲孔。（　　）
2. 铰孔能修正孔的直线度误差。（　　）
3. 铰削时，切削速度越低，表面粗糙度值越小。（　　）
4. 铰孔前，孔的表面粗糙度 Ra 值要小于 6.3 μm。（　　）
5. 使用浮动套筒能够改善孔的直线度和同轴度。（　　）
6. 铰孔是精加工，故铰削时的进给量可取小些，铰钢料时，可选 1.0 mm/r。（　　）
7. 铰削时，使用水溶性切削液（如乳化液）铰出的孔径比铰刀的实际直径稍微小一些，孔的表面粗糙度值较小。（　　）
8. 铰孔时，必须试铰，以免造成成批废品。（　　）
9. 铰刀由孔内退出时，车床主轴应反转。（　　）

三、选择题（将正确答案的代号填在括号内）

1. 铰出的孔径缩小是由于（　　）。
   A．使用了水溶性切削液
   B．使用了油溶性切削液
   C．干切削
2. 铰削铸件时，可采用（　　）作切削液。
   A．乳化液　　B．切削油　　C．煤油
3. 采用（　　）铰出的孔表面粗糙度最好，采用（　　）铰出的孔表面粗糙度最差。
   A．水溶性切削液　　B．油溶性切削液　　C．干切削
4. 铰孔时的切削速度应取（　　）m/min 以下。
   A．10　　B．5　　C．20
5. 用高速钢铰刀精加工孔时，铰削余量应留（　　）mm。
   A．1 ~ 1.5　　B．0.4 ~ 0.8
   C．0.08 ~ 0.12　　D．0.15 ~ 0.20

四、简答题

1. 什么是铰孔？铰孔适用于什么场合？

2. 使用新铰刀以及磨损到一定程度的铰刀，如何选择切削液来延长铰刀使用寿命？

五、应用题

1. 图 3–2 所示的垫套，工件材料牌号为 HT150，毛坯尺寸为 ϕ55 mm × 95 mm，数量为 10 件，用钻孔、扩孔、铰孔的方法加工孔。试写出车削工艺步骤。

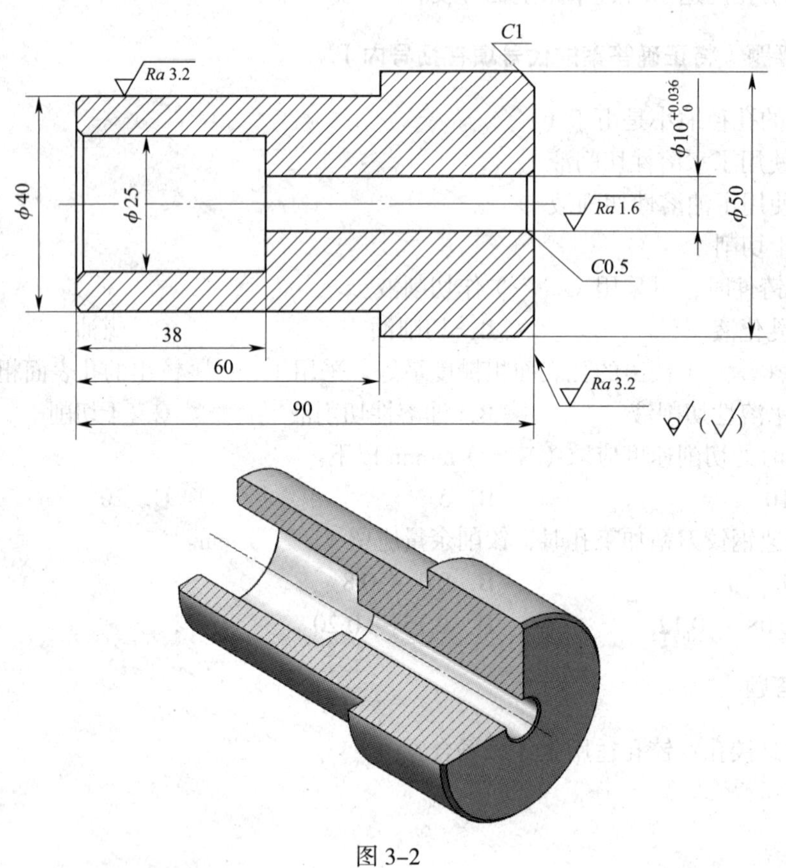

图 3–2

2. 图 3–3 所示的垫套，工件材料牌号为 HT150，毛坯尺寸为 ϕ55 mm × 95 mm，数量为 10 件，用车孔后铰孔的方法加工孔。试写出车削工艺步骤。

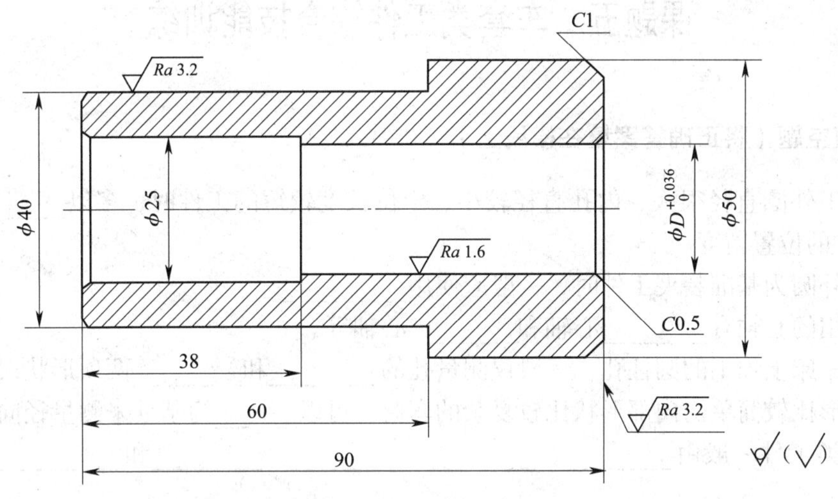

技术要求

D分别为ϕ20、ϕ22、ϕ24、ϕ25。

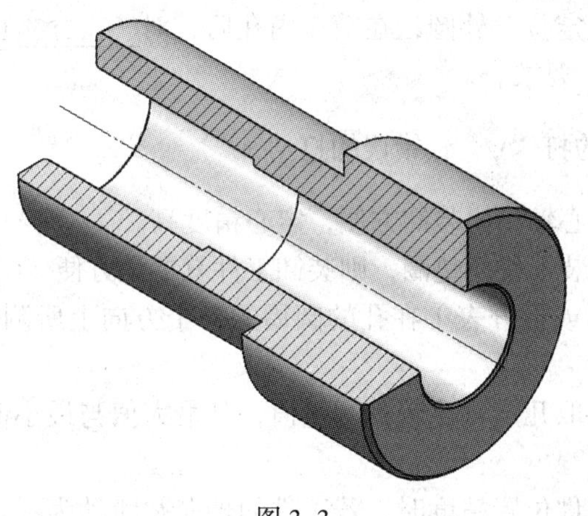

图 3–3

课题五　车套类工件综合技能训练

一、填空题（将正确答案填在横线上）

1．加工外圆直径很大、内孔直径较小、定位长度较短的工件时，多以________为基准来保证工件的位置精度。

2．以外圆为基准装夹工件时，一般应使用__________。

3．常用的心轴有________心轴和________心轴等。

4．在车床上加工的圆柱孔，一般仅测量孔的________和________两项形状误差。

5．外形比较简单而内部形状比较复杂的套筒，可以______为基准来测量径向圆跳动。

6．套类工件一般由________、________、________、________和__________等结构要素组成。

7．在车削短而小的套类工件时，为了保证内外圆的同轴度，最好在____次装夹中把内孔、外圆及端面都加工完毕。

8．如果工件以内孔定位车外圆，在精车内孔后，对________也应进行一次精车，以保证端面与内孔的________要求。

二、判断题（正确的打"√"，错误的打"×"）

1．胀力心轴与实体心轴相比装卸方便，定心精度高。（　　）

2．带台阶的心轴若装上快换垫圈，则装卸工件就更加方便。（　　）

3．用内径千分表（或百分表）在孔的圆周的各个方向上所测的最大值与最小值之差，即为孔的圆度误差。（　　）

4．在孔的全长上任取几点，比较其测量值，其最大值与最小值之差的一半，即为孔全长上的圆柱度误差。（　　）

5．用百分表测量工件位置精度时，若工件的轴向圆跳动为零，那么工件端面对轴线的垂直度也为零。（　　）

6．使用卡钳时，先用两只手把卡钳调整到与工件尺寸相近的开口，然后轻敲卡钳外侧来增大卡钳的开口，敲击卡钳内侧来减小卡钳的开口，但不能直接敲击钳口。（　　）

7．手持塞规插入和拔出孔时不得歪斜，应该顺着孔的中心线插入孔内，否则易发生测量误差或将塞规卡住。（　　）

8．使用内测千分尺、内径千分尺或三爪内径千分尺时，应首先用标准环规校对其"0"刻线。（　　）

9．使用内测千分尺、内径千分尺或三爪内径千分尺时，必须使量爪或测头小于孔径，插入孔内再通过旋拧棘轮等测力手柄使量爪或测头张开，不得硬塞和拉出。（　　）

三、选择题（将正确答案的代号填在括号内）

1.（　　）心轴的特点是制造容易、定心精度高，但轴向无法定位，承受切削力小，工件装卸时不太方便。

A．实体　　B．胀力　　C．小锥度　　D．带台阶的

2．胀力心轴的圆锥角最好为（　　）左右，最薄部分的壁厚可为 3 ~ 6 mm。

A．30°　　B．45°　　C．60°　　D．120°

3．测量套类工件形状精度常用的方法是用（　　）来测量。

A．百分表　　B．千分表

C．内径千分表　　D．内测千分尺

4．测量一般套类工件径向圆跳动时，都可以用（　　）作为基准。

A．外圆　　B．端面　　C．内孔

5．百分表用来测量工件的（　　）。

A．同轴度　　B．表面粗糙度　　C．尺寸精度

四、简答题

1．使用软卡爪装夹工件有什么优点？

2．简述小锥度心轴的优缺点。

3．套类工件几何公差的保证方法有哪些？各适用于什么场合？

4．如何测量工件孔的圆柱度误差？

5．怎样检验一般套类工件的径向圆跳动和轴向圆跳动？

6．简述造成孔的圆柱度超差的原因。

7．铰孔时，孔的表面粗糙度值大的原因是什么？

8．套类工件同轴度和垂直度超差的原因是什么？

五、应用题

1．图 3–4 所示的端套是平底盲孔套类工件，加工数量为 5 件，工件材料为热轧圆钢，牌号为 45 钢，毛坯尺寸为 ϕ46 mm × 190 mm。试写出该端套的车削工艺步骤。

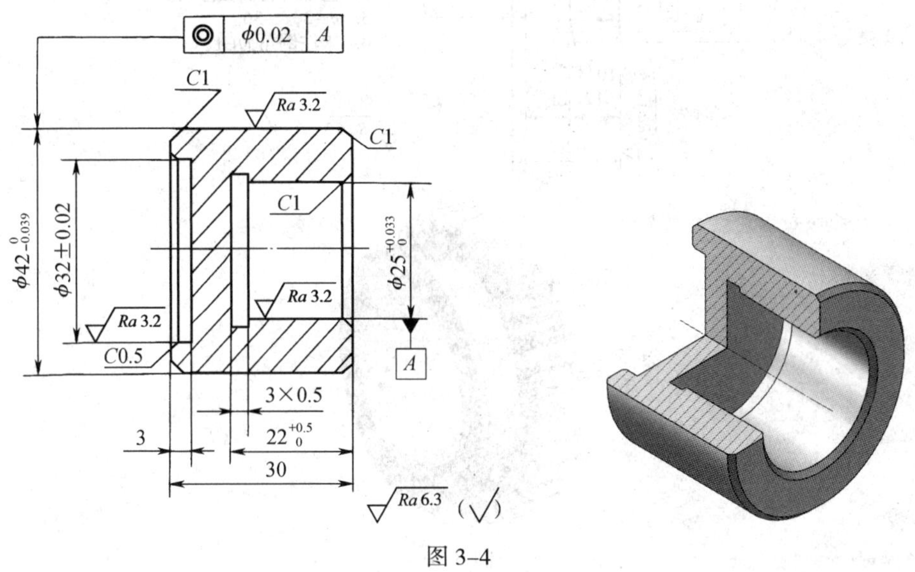

图 3–4

2．图 3–5 所示齿轮工件的材料为热轧圆钢，牌号为 45 钢，毛坯为锻件，毛坯尺寸为 $\phi 80\ \text{mm} \times 30\ \text{mm}$，数量为 6 件。试进行工艺分析并写出车削工艺步骤。

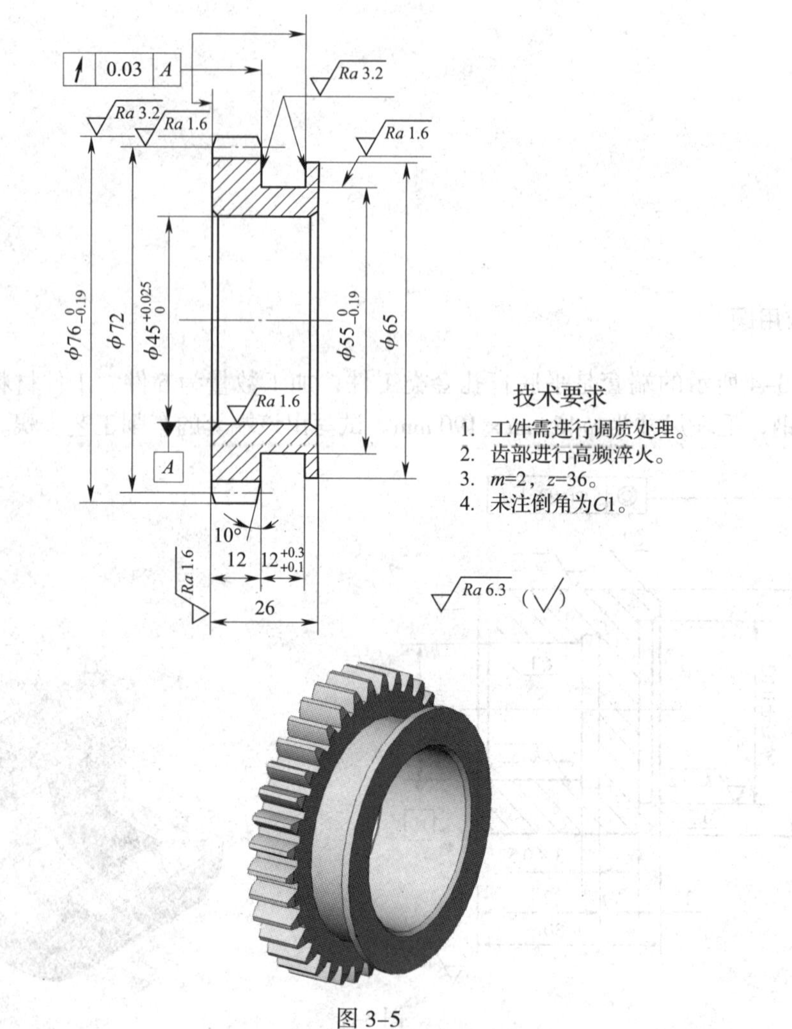

图 3–5

第四单元　车 圆 锥

课题一　圆锥的计算及其检测

一、填空题（将正确答案填在横线上）

1．圆锥分为__________和__________两种。

2．圆锥的基本参数是______________、______________、____________和________。

3．当圆锥半角 $\alpha/2<6°$ 时，可用公式 $\alpha/2\approx$________________来计算。

4．常用的标准工具圆锥有____________和____________两种。

5．莫氏圆锥是机械制造业中应用最为广泛的一种圆锥，共有______个号码，其中最小的是____号，最大的是____号。

6．米制圆锥有____、____、____、____、____、____和____共 7 个号码，它们的号码是指________________，其锥度为________。

7．圆锥的检测主要是指对____________和____________的检测。

8．常用的圆锥角度和锥度的检测方法有______________________、________________和____________等。

9．对于精度要求较高的圆锥面，常用____________检验，其精度以______________来评定。

10．游标万能角度尺的分度值一般分为________和________两种。

11．成批和大量生产时，为减少辅助时间，可用__________检验。

12．____________是利用三角函数中正弦关系来进行________测量角度的一种精密量具。

13．对于标准圆锥或配合精度要求较高的圆锥工件，一般可以使用________________和________________检验。

14．用涂色法检验外圆锥的锥度，显示剂应涂在________上；检验内圆锥的锥度，显示剂应涂在____________上。

15．圆锥的精度要求较低及加工中粗测最大或最小圆锥直径时，可以使用__________和__________测量。

16．圆锥的最大或最小圆锥直径可以用______________来检验。

二、判断题（正确的打“√”，错误的打“×”）

1．圆锥配合时，圆锥角越小，定心精度越高。（　　）

2．圆锥长度是最大圆锥直径与最小圆锥直径之间的距离。（　　）

3. 锥度是最大圆锥直径和最小圆锥直径之差与圆锥长度之比。 (　　)

4. 圆锥半角与锥度属于同一参数。 (　　)

5. 莫氏圆锥的号码越大，锥度越大。 (　　)

6. 在莫氏圆锥中，虽然号数不同，但圆锥角都相同。 (　　)

7. 米制圆锥的号码指最小圆锥直径。 (　　)

8. 米制圆锥各号码的锥度均相等。 (　　)

9. 用涂色法检验内圆锥时，如果塞规大端显示剂被擦去，说明工件圆锥角小了。 (　　)

10. 用涂色法检验外圆锥时，如果外圆锥小端的显示剂擦去，而大端显示剂未擦去，说明工件圆锥角小了。 (　　)

三、选择题（将正确答案的代号填在括号内）

1. 圆锥的基本参数是指（　　）。
   A. 最大圆锥直径　　B. 最小圆锥直径
   C. 圆锥长度　　D. 锥度

2. 莫氏圆锥属于（　　）标准工具圆锥。
   A. 国家　　B. 国际
   C. 部颁　　D. 专用

3. 不同号码的莫氏圆锥，其线性尺寸（　　），圆锥半角（　　）。
   A. 不同　　B. 相同

4. 常用的工具圆锥有（　　）种。
   A. 3　　B. 2　　C. 4　　D. 5

5. 游标万能角度尺可以测量（　　）范围内的任意角度。
   A. 0° ~ 180°　　B. 0° ~ 360°
   C. 0° ~ 90°　　D. 0° ~ 320°

6. 对于标准圆锥或配合精度要求较高的圆锥工件，一般可以使用（　　）检验。
   A. 游标万能角度尺　　B. 角度样板
   C. 正弦规　　D. 涂色法

7. 用圆锥套规检验外圆锥时，若工件小端的显示剂被擦去，说明圆锥角（　　）了。
   A. 大　　B. 小　　C. 产生双曲线误差

四、名词解释

1. 圆锥角

2. 锥度

五、简答题

1．用公式表示锥度和圆锥半角 $\alpha/2$ 之间的关系。

2．怎样用涂色法检验圆锥角度？

六、计算题

1．根据下列已知条件，用查三角函数表的方法计算出圆锥半角 $\alpha/2$。

（1）D=24 mm，d=20 mm，L=46 mm。

（2）D=62 mm，d=48 mm，L=108 mm。

（3）D=48 mm，d= 32 mm，L= 82 mm。

（4）C=1：4。

（5）C=1：20。

2．有一外圆锥，已知 D=80 mm，d=70 mm，L=100 mm，分别用查三角函数表和近似法计算出圆锥半角 $\alpha/2$。

3．已知最大圆锥直径 D=24 mm，最小圆锥直径 d=23 mm，圆锥长度 L=82 mm，用近似法计算出圆锥半角 $\alpha/2$。

4．根据以下条件，用近似法计算出圆锥半角 $\alpha/2$。

（1）D=25 mm，d=24 mm，L=25 mm。

（2）D=45 mm，L=64 mm，C=1∶20。

（3）C=1∶50。

5．已知最大圆锥直径为 58 mm，圆锥长度为 100 mm，锥度为 1∶5，求最小圆锥直径 d。

6．根据表 4–1 所列的已知条件，求 D、d、L、C、$\alpha/2$ 等未知参数值，填入表中。

表 4–1

序号	D	d	L	C	$\alpha/2$
1	100	80	120		
2	46		64	1∶4	
3		64	80	1∶20	
4	52	42			15°

7. 有一 160 号的米制圆锥，圆锥长度为 120 mm，求最小圆锥直径 d。

课题二　车 外 圆 锥

一、填空题（将正确答案填在横线上）

1. 车圆锥时，一般先保证________，然后精车控制________。
2. 转动小滑板法适用于加工圆锥半角______且锥面______的工件。
3. 用偏移尾座法车外圆锥时，尾座的偏移量不仅与________________有关，而且还与________________有关，这段距离可近似看作__________。
4. 仿形法一般适用于车削圆锥半角 $\alpha/2$________的工件。
5. 宽刃刀车削法主要适用于________圆锥的________工序。
6. 车削外圆锥前，应检查和调整小滑板导轨与楔铁间的________。

二、判断题（正确的打"√"，错误的打"×"）

1. 工件的圆锥角为 20° 时，车削时小滑板也应转 20°。（　）
2. 采用偏移尾座法车外圆锥，必须将工件用两顶尖装夹。（　）
3. 偏移尾座法也可以加工整锥体或内圆锥。（　）
4. 用宽刃刀车圆锥，实质上属于成形法车削。（　）
5. 用仿形法车外圆锥时，用小滑板代替中滑板横向进给。（　）
6. 用转动小滑板法车圆锥，调整范围小。（　）
7. 车削正外圆锥（又称顺锥）面，即圆锥大端靠近主轴、小端靠近尾座方向，小滑板应逆时针方向转动。（　）
8. 小滑板导轨与楔铁间的配合间隙调整应合适，过紧或过松都会使车出的锥面表面粗糙度值增大，且圆锥的素线不直。（　）
9. 精车外圆锥面时，车刀必须锋利、耐磨，进给必须均匀、连续，其背吃刀量的控制方法有计算法和移动床鞍法。（　）
10. 偏移尾座法车外圆锥，工件两端中心孔内加黄油润滑脂，装鸡心夹头，将工件装夹在两顶尖间，松紧程度以手能轻轻拨转工件且工件无轴向窜动为宜。（　）

三、选择题（将正确答案的代号填在括号内）

1. 用转动小滑板法车圆锥时，若最大圆锥直径靠近主轴，小滑板应（　）。

A. 逆时针转动 $\alpha/2$　　B. 顺时针转动 $\alpha/2$

C．逆时针转动 α　　D．顺时针转动 α

2．用偏移尾座法车圆锥时，尾座的偏移量与（　　）有关。

A．工件全长　　B．圆锥长度

C．锥度　　D．圆锥素线长度

3．用宽刃刀车外圆锥时，刃倾角 λ_s 应取（　　）。

A．正值　　B．负值　　C．零

四、名词解释

1．转动小滑板法

2．仿形法车圆锥

3．宽刃刀车削法

五、简答题

1．车外圆锥有哪几种方法?

2．精车外圆锥时，其背吃刀量的控制方法有哪些?

3．转动小滑板法车圆锥有什么特点？

4．怎样确定小滑板的转动角度和转动方向？

5．偏移尾座的方法有哪些？

六、计算题

1．有一带圆锥的轴类工件，最大圆锥直径 D=50 mm，最小圆锥直径 d=43 mm，圆锥部分长度 L=140 mm，工件总长 L_0=200 mm，求锥度 C、圆锥半角 $\alpha/2$（近似计算）及尾座偏移量 S。

2. 用偏移尾座法车锥度为 1∶10 的外圆锥，工件总长 L_0=120 mm，计算尾座偏移量 S。

3. 用偏移尾座法车一外圆锥工件，已知 D=60 mm，d=52 mm，L=300 mm，L_0=560 mm，求尾座偏移量 S。

4. 用偏移尾座法车一外圆锥工件，已知 D=45 mm，C=1∶50，L=580 mm，L_0=650 mm，求尾座偏移量 S。

七、应用题

图 4–1 所示为莫氏 4 号锥棒，工件材料牌号为 45 钢，毛坯尺寸为 ϕ45 mm × 125 mm，数量为 10 件。试进行工艺分析并写出用转动小滑板法手动进给车削的工艺步骤。

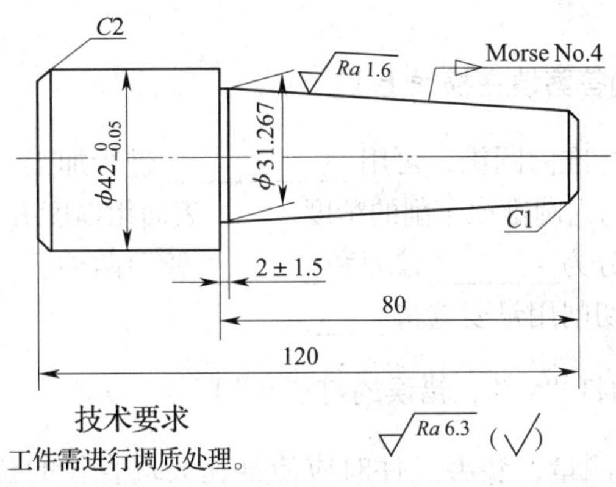

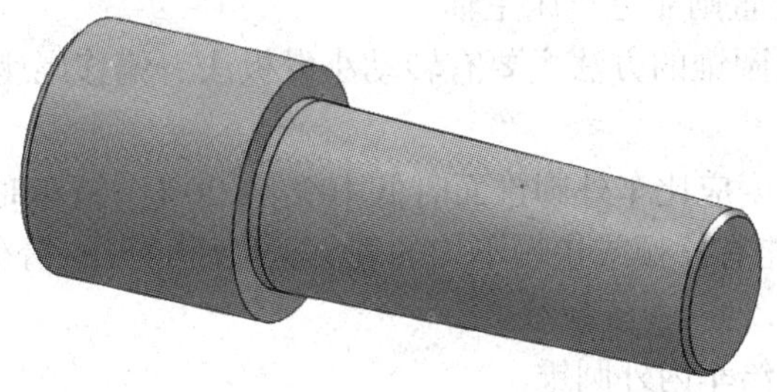

图 4–1

课题三　车内圆锥及圆锥配合件

一、填空题（将正确答案填在横线上）

1．加工直径较小的标准内圆锥，可用＿＿＿＿＿＿＿＿进行加工。

2．用铰削方法加工的内圆锥比车削的精度＿＿＿，表面粗糙度 Ra 值可达到＿＿＿＿＿＿μm。

3．圆锥形铰刀一般分为＿＿＿＿＿＿铰刀和＿＿＿＿＿＿铰刀两种。

4．铰内圆锥孔时，切削用量要选得＿＿＿＿＿。

二、判断题（正确的打"√"，错误的打"×"）

1．为了便于加工和测量，装夹工件时应使锥孔大端直径的位置在外端（靠近尾座方向），锥孔小端直径的位置则靠近车床主轴。（　　）

2．在车床上加工内圆锥的方法主要有转动小滑板法、偏移尾座法、宽刃刀法和铰内圆锥法。（　　）

3．粗车时，切削速度应比车外圆锥面时低 10% ~ 20%，精车时采用低速车削，手动进给应始终保持均匀，不能有停顿或快慢不均的现象，最后一刀的精车背吃刀量一般为 0.1 ~ 0.2 mm。（　　）

4．仿形法可机动进给车内外圆锥。（　　）

5．用宽刃刀法车圆锥时，如果刃倾角不等于 0°，就会出现双曲线误差。（　　）

6．用偏移尾座法批量车圆锥时，如果两端中心孔深度不一致，会造成工件锥度也不一致。（　　）

7．车圆锥时，如果刀尖没有对准工件回转轴线，则车出的工件会产生双曲线误差。（　　）

8．内圆锥双曲线误差是中间凸出。（　　）

三、选择题（将正确答案的代号填在括号内）

1．铰锥孔时，当内圆锥的直径和锥度较小时可采用（　　）内圆锥法；当内圆锥的长度较长、余量较大，有一定的位置精度要求时，可采用（　　）内圆锥法；当内圆锥的直径和锥度较大，且有较高的位置精度要求时，可采用（　　）内圆锥法。

A．钻→扩→铰　　B．钻→铰　　C．钻→车→铰

2．铰削铸铁时，可使用（　　）作为切削液。

A．水溶性切削液　　B．油溶性切削液

C．煤油　　D．水

3．车圆锥时，若车刀刀尖未对准工件轴线，圆锥会出现（　　）。

A．锥度不正确　　B．直线度误差　　C．尺寸不正确

四、简答题

1．转动小滑板法车内圆锥，车刀对中心的方法有哪些？

2．精车内圆锥时，控制尺寸的方法有哪些？

3．简述车内外圆锥配合件的方法。

4．用偏移尾座法车圆锥时出现锥度不正确的原因是什么？

5．铰内圆锥孔时出现锥度不正确的原因是什么？

6. 怎样检验内圆锥最大圆锥直径的正确性？

五、应用题

1. 用转动小滑板法车锥齿轮坯，把车削各锥面时小滑板的旋转方向和旋转角度填入表 4–2 中。

表 4–2

图 例	车削的圆锥面	小滑板应旋转的方向	小滑板应旋转的角度
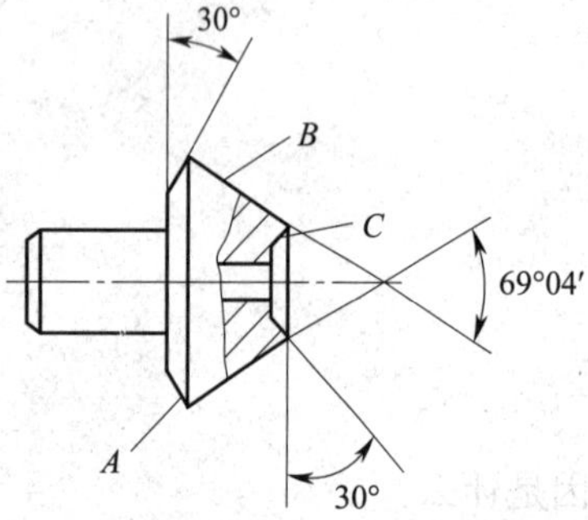 30° B C 69°04′ A 30°	*A* 面		
	B 面		
	C 面		

2. 图 4–2 所示为锥齿轮坯，工件材料牌号为 HT150，毛坯尺寸为 ϕ95 mm × 46 mm，数量为 8 件。进行工艺分析并写出用转动小滑板法手动进给车削的工艺步骤。

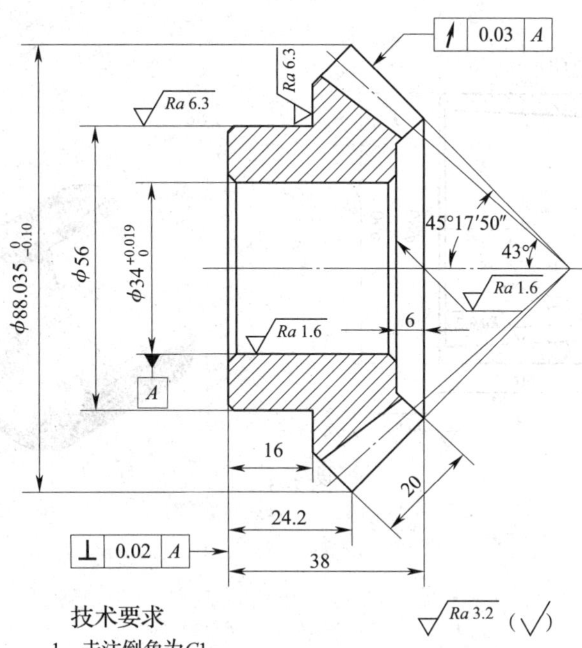

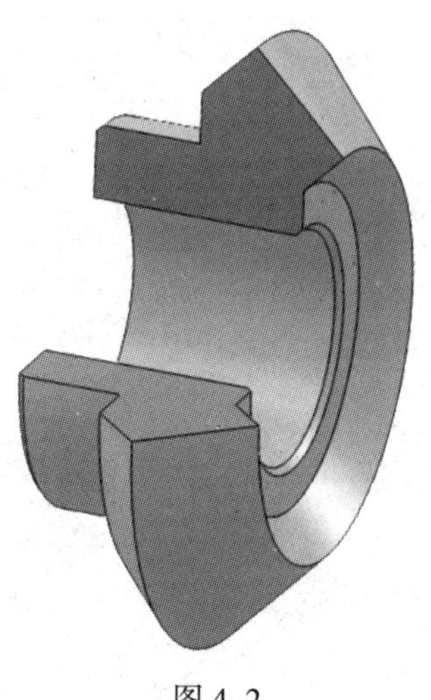

图 4–2

3．图 4–3 所示为内锥套，工件材料为铸造铜合金，材料牌号为 ZCuSn10Pb5，毛坯尺寸为 ϕ98 mm × 130 mm，毛坯数量为 20 件，工件数量为 40 件。试写出该内锥套的车削工艺步骤。

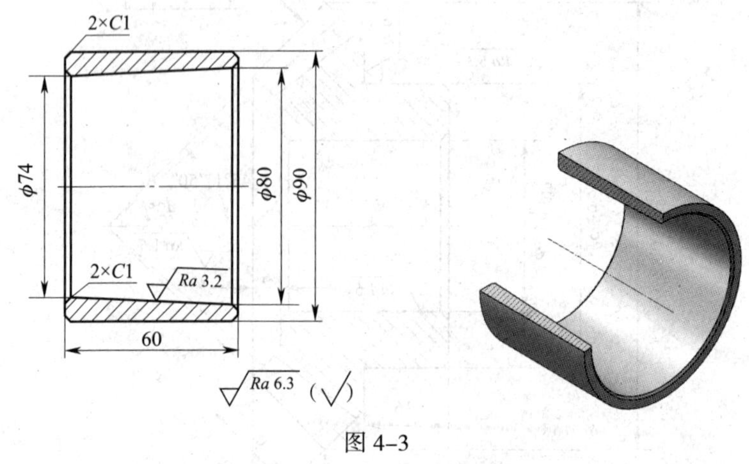

图 4–3

4．图 4–4 所示为锥套工件，工件材料为 HT150，毛坯尺寸为 ϕ45 mm × 55 mm，数量为 6 件。试进行工艺分析并写出用转动小滑板法手动进给车削的工艺步骤。

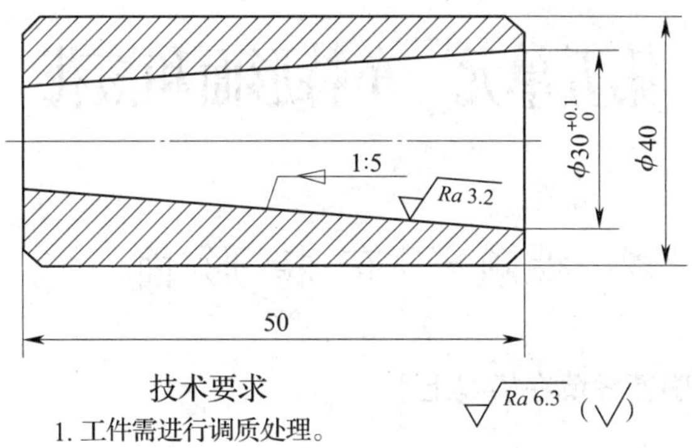

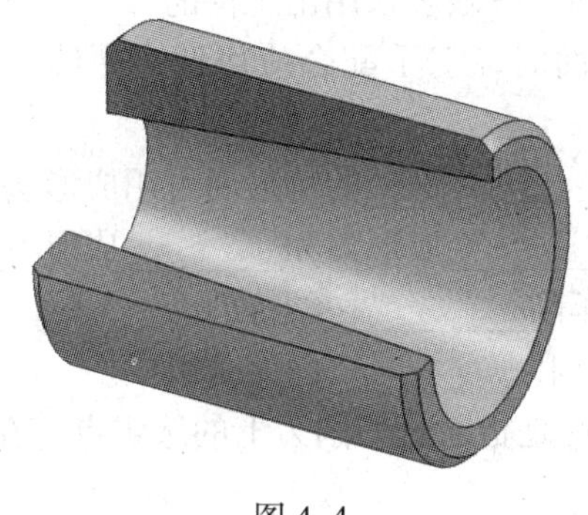

图 4–4

第五单元　车特形面和滚花

课题一　车 特 形 面

一、填空题（将正确答案填在横线上）

1. ＿＿＿＿＿＿、＿＿＿＿＿＿＿的特形面可用双手控制法车削。

2. 用双手控制法车特形面，一般多采用由工件的＿＿＿向＿＿＿＿车削的方法。

3. 用＿＿＿＿法车特形面时，双手配合应协调、熟练。车刀切入的＿＿＿应控制准确，防止将工件局部车小。

4. ＿＿＿＿＿＿、＿＿＿＿＿＿＿＿的特形面可用成形法车削。

5. 常用的成形刀有＿＿＿＿＿＿成形刀和＿＿＿＿成形刀两种。

6. 棱形成形刀主要用于车削＿＿＿＿＿的特形面。

7. 棱形成形刀由＿＿＿＿和＿＿＿＿＿两部分组成。

8. 背前角 γ_p 和背后角 α_p 是指通过切削刃上的选定点，在＿＿＿＿＿车刀进给运动方向剖面内的前角和后角。

9. 成形刀的刃口要对准工件回转轴线，装高容易＿＿＿＿，装低会引起＿＿＿＿。

10. 在车床上抛光通常采用＿＿＿＿和＿＿＿＿＿＿两种方法。

11. 修光用的锉刀常用细齿纹的＿＿＿＿＿和＿＿＿＿＿锉或特细齿纹的＿＿＿＿锉。

12. 抛光时常用的细粒度砂布有＿＿＿号或＿＿号。

二、判断题（正确的打“√”，错误的打“×”）

1. 双手控制法适用于数量较少、精度要求不高的特形面的加工。（　　）

2. 车特形面时，车刀一般应从曲面低处向高处进给。（　　）

3. 车特形面时，为了增加工件刚度，应先车离卡盘近的曲面，后车离卡盘远的曲面。（　　）

4. 用双手控制法车削时，纵横向进给配合不协调，会使特形面轮廓不正确。（　　）

5. 成形刀的刃倾角宜取正值。（　　）

6. 成形刀的后角和前角较大，以保证车刀的楔角 β_o 较小，切削刃锋利。（　　）

7. 采用数控车床进行车削时，应尽量少用或不用成形刀。（　　）

8. 用成形刀车削特形面时，可采用反切法进行车削。（　　）

9. 成形精车刀的背前角一般等于 0°。（　　）

10. 修光时的锉削余量一般为 0.01 ～ 0.03 mm。（　　）

11. 用千分尺检测球面，千分尺测微螺杆的轴线不要通过工件球面中心。（　　）

12．锉削修光时，应提高锉削速度，以提高修光质量。 （ ）

13．用砂布抛光内孔时，可将砂布撕成条状，一端插在木棒槽内，并按逆时针方向将砂布缠紧在抛光棒上。 （ ）

三、选择题（将正确答案的代号填在括号内）

1．棱形成形刀磨损后只刃磨（ ）。

A．后面 B．前面 C．前面和后面

2．在车床上用锉刀修光时，为保证安全，最好用（ ）握住锉柄进行锉削。

A．右手 B．左手 C．左右手皆可

3．用砂布抛光小孔时，可用（ ）进行抛光。

A．抛光夹 B．手缠砂布 C．砂布缠紧在木棒上

四、名词解释

1．特形面

2．成形法

3．成形刀

五、简答题

1．简述双手控制法车特形面的特点。

2．用成形法车特形面时应注意哪些问题?

3．车特形面一般有哪几种方法？

4．用成形法车特形面时，特形面轮廓不正确的原因是什么？

5．什么是抛光？抛光的目的是什么？

六、应用题

1．图 5–1 所示为带圆锥的单球手柄，求：

（1）车圆锥时小滑板应转过的角度（用近似法）。

（2）车圆球时球状部分的长度值 L。

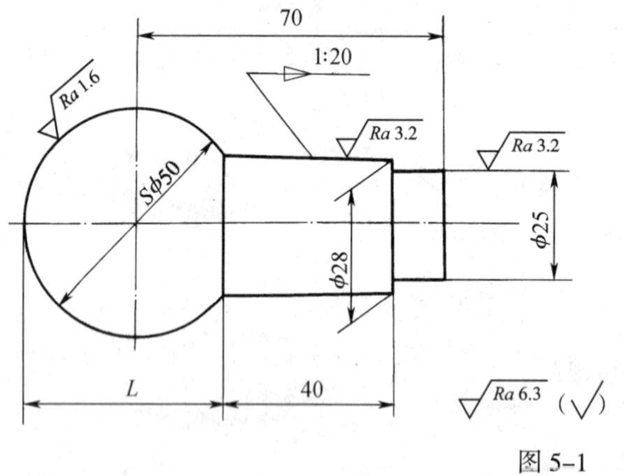

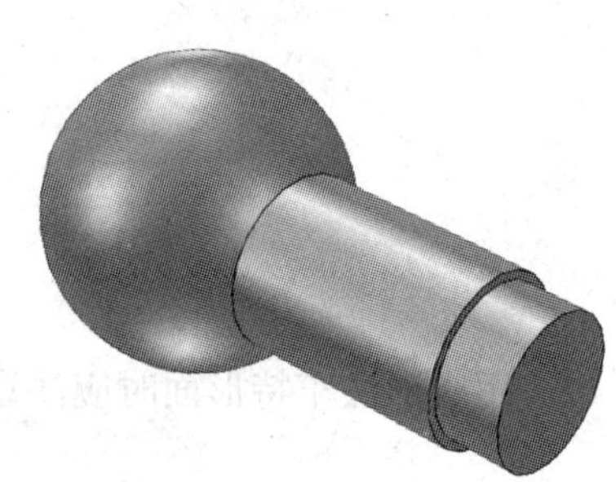

图 5–1

2．图 5–2 所示为单球手柄工件，工件材料为热轧圆钢，材料牌号为 45 钢，毛坯尺寸为 ϕ40 mm × 120 mm，数量为各 1 件。试进行工艺分析并写出手动进给车削的工艺步骤。

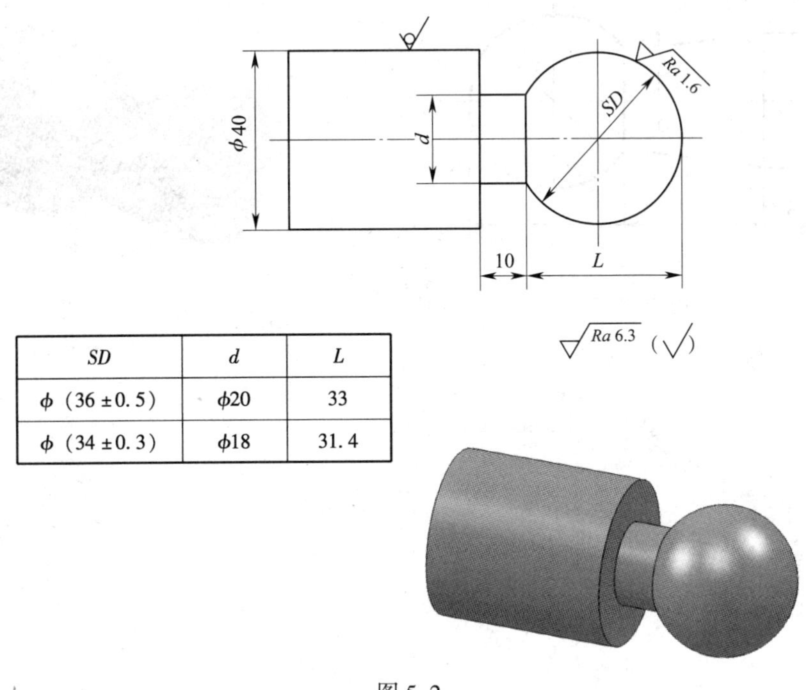

SD	d	L
φ（36 ±0. 5）	φ20	33
φ（34 ±0. 3）	φ18	31. 4

图 5–2

3．图 5–3 所示为带锥柄的单球手柄，工件材料为热轧圆钢，材料牌号为 45 钢，毛坯尺寸为 ϕ35 mm × 700 mm，数量为 10 件。试写出该手柄的车削工艺步骤。

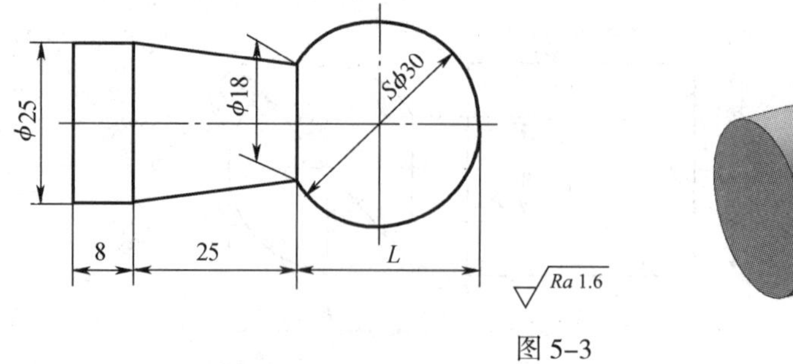

图 5–3

课题二　滚　　花

一、填空题（将正确答案填在横线上）

1．由于滚花时出现工件______现象难以完全避免，所以车削带有滚花表面的工件时，应安排在______之后、______之前进行滚花。

2．滚花前，应根据工件材料的性质和花纹模数的大小，将工件滚花表面的直径车小__________m，并装好________。

3．滚花花纹有______和______两种。花纹有粗细之分，并用________区分。______越大，花纹越粗。花纹的粗细由______的大小决定。

4．滚花花纹的粗细应根据工件滚花表面的直径大小选择，直径大选用________花纹，直径小则选用________花纹。

二、判断题（正确的打“√”，错误的打“×”）

1．单轮滚花刀只能用来滚直纹。（　　）

2．滚压碳素钢或滚花表面要求一般的工件时，可使滚花刀刀柄尾部向右偏斜 3° ~ 5° 装夹，以便切入工件表面且不易产生乱纹。（　　）

3．在滚花刀开始滚压时，挤压力要小一些，这样就不易产生乱纹。（　　）

4．滚花只准滚压 1 次，滚花至花纹凸出达到要求为止，反复滚压会产生乱纹。（　　）

5. 滚花时，应选低的切削速度，一般为 5 ~ 10 mm/min；纵向进给量选择大些，一般为 0.3 ~ 0.6 mm/r。（　　）

6. 滚花时，应充分浇注切削液以润滑滚轮和防止滚轮发热损坏，并经常清除滚压产生的碎屑。（　　）

7. 滚花前工件的表面粗糙度值越小越好。（　　）

8. 在滚压过程中，应经常用毛刷接触工件与滚轮的咬合处，浇注切削液或清除切屑。（　　）

9. 可把外圆略车小一些，以防止滚花时产生乱纹。（　　）

三、选择题（将正确答案的代号填在括号内）

1. 用来滚网纹的滚花刀是（　　）滚花刀。

A. 单轮　　B. 双轮　　C. 六轮

2. 滚花时的（　　）力很大，所用车床的刚度应较高，工件必须装夹牢靠。

A. 背向　　B. 进给　　C. 主切削

四、简答题

1. 滚花时产生乱纹的原因有哪些？

2. 判断图 5–4 所示的车工工作内容，判断滚花花纹的种类，可以用哪种滚花刀滚压加工？

图 5–4

第六单元　车螺纹和蜗杆

课题一　加工螺纹的基本知识和基本技能

一、填空题（将正确答案填在横线上）

1. 螺纹按用途可分为__________螺纹、__________螺纹和__________螺纹。

2. 传动螺纹按牙型可分为_______螺纹、_______螺纹、_______螺纹和_______螺纹等。

3. 螺纹按螺旋方向可分为_______螺纹和_______螺纹；按线数可分为_______螺纹和_______螺纹；按母体形状可分为_______螺纹和_______螺纹。

4. 三角形螺纹分为_________、_________、_________和_________四种。

5. 粗牙普通螺纹代号用___和__________表示。

6. 细牙普通螺纹代号用___及__________乘以_______表示。

7. 55°非密封管螺纹的标记由__________、__________和____________组成。

8. 一般情况下，螺纹车刀切削部分的材料有__________和__________两种。

9. 车削右旋螺纹时，螺纹车刀右侧切削刃的工作前角变____，工作后角变____。

10. 如果螺纹车刀的背前角 γ_{p}=0°，其两刃夹角 ε_{r}'=60°，则车出的螺纹牙型角 α =______，螺纹牙型为______。

11. 在有进给箱的车床上车削常用螺距（或导程）的螺纹和蜗杆时，一般只要按照车床______箱铭牌上标注的数据，变换______箱外、______箱外的手柄位置并配合更换______箱内的交换齿轮就可以得到常用的螺距（或导程）。

12. 车螺纹时，当工件转一转，车刀必须沿工件轴线方向移动______________。

二、判断题（正确的打“√”，错误的打“×”）

1. 同规格的外螺纹中径 d_2 和内螺纹中径 D_2 的基本尺寸相等，螺纹中径处的沟槽和凸起宽度相等。（　）

2. $R_1$3 是 55°密封管螺纹，3 表示该螺纹的公称直径为 3 in。（　）

3. 普通螺纹、60°密封管螺纹和米制锥螺纹的牙型角都是 60°。（　）

4. 内螺纹的大径也就是内螺纹的底径。（　）

5. 管螺纹的尺寸代号指管子孔径的尺寸。（　）

6. 高速车削螺纹和蜗杆时用高速钢车刀。（　）

7. 螺纹车刀工作时的前角和后角与车刀的刃磨前角和刃磨后角的数值不相同。（　）

8. 螺纹精车刀的背前角应取得较大，才能达到理想的效果。（　）

9．开倒顺车是在一次行程结束时，提起开合螺母，把车刀沿径向退出后，使螺纹车刀沿纵向退回，再进行第二次车削。（　　）

10．如果不使用开倒顺车的方法车蜗杆，蜗杆一定会产生乱牙。（　　）

三、选择题（将正确答案的代号填在括号内）

1．螺纹公称直径是代表螺纹尺寸的直径，一般是指螺纹（　　）的基本尺寸。

A．中径　　B．小径　　C．大径

2．（　　）的螺纹不是右旋螺纹。

A．顺时针旋转时旋入　　B．逆时针旋转时旋入

C．逆时针旋转时旋出　　D．螺纹垂直放置时右侧的牙高于左侧

E．顺时针旋转时旋出

3．普通螺纹的牙型角为（　　），英制螺纹的牙型角为（　　），梯形螺纹的牙型角为（　　）。

A．30°　　B．60°

C．55°　　D．29°

E．33°

4．下列螺纹中，不是60°牙型角的是（　　）。

A．普通螺纹　　B．55°非密封管螺纹

C．60°密封管螺纹　　D．米制锥螺纹

5．在同一螺旋线上，大径上的螺纹升角（　　）中径上的螺纹升角。

A．大于　　B．小于　　C．等于

6．如果工件材料是钢料，则螺纹车刀切削部分的材料选用（　　）较合适。

A．P10或高速钢　　B．K30或高速钢　　C．M10或K30　　D．P10或M10

7．车右旋螺纹时，车刀左侧切削刃的后角比其刃磨后角（　　）。

A．大　　B．小　　C．相等

8．螺纹车刀左右侧切削刃的刃磨前角为0°，将车刀左右两侧切削刃组成的平面垂直于螺旋线装夹，左侧切削刃的工作前角 γ_{oeL}（　　）0°。

A．等于　　B．大于　　C．小于

9．如果螺纹车刀的背前角 $\gamma_p>0°$，其两刃夹角 $\varepsilon_r'=60°$，则车出的螺纹牙型角 α（　　）60°。

A．等于　　B．大于　　C．小于

10．如果螺纹车刀的背前角 $\gamma_p>0°$，则车出螺纹的螺纹牙型是（　　）线。

A．直　　B．曲　　C．任意

11．在CA6140型车床上车（　　）时交换齿轮相同，选63、100、75，即 $\frac{63}{100}\times\frac{100}{75}$。

A．米制螺纹和米制蜗杆　　B．米制螺纹和英制螺纹

C．米制蜗杆和英制蜗杆　　D．英制螺纹和英制蜗杆

12．车床交换齿轮箱内的交换齿轮心轴的润滑是用（　　）润滑。

A．油泵循环　　B．浇油

C．弹子油杯　　D．润滑脂

四、名词解释

1．螺纹牙型

2．牙型角

3．牙型高度

4．中径

5．螺距

6．导程

7．螺纹升角

8．单线螺纹

9．M24×2LH—5H6H—S

10. $G1\frac{1}{2}$

11. Rp1—LH

12. NPT6

13. ZM10

14. M48 × 3/2

15. 乱牙

16. 传动比

五、简答题

1. 管螺纹有哪几种？

2. 什么叫作右旋螺纹？如何判断右旋螺纹的旋向？

3. 细牙普通螺纹的螺纹代号与粗牙普通螺纹有什么不同？

4. 车削右旋螺纹时，车刀左、右两侧前角会产生什么变化？如何改进？

5. 车削左旋螺纹时，怎样确定两侧后角刃磨时的角度值？

6. 螺纹车刀背前角 $\gamma_p>0°$ 时，对螺纹牙型会产生哪些影响？

7．当螺纹车刀的背前角 $\gamma_p>0°$ 时，如何确定车刀两侧切削刃之间的夹角ε_r'的数值？

8．在车床交换齿轮箱内组装交换齿轮时应注意哪些安全问题？

9．车螺纹时产生乱牙的原因是什么？如何解决？

10．简述车削螺纹时车床的中、小滑板与楔铁之间间隙的调整步骤。

11．简述开倒顺车退刀的操作步骤。

六、计算题

1. 车削螺纹升角 ψ=3° 48′ 的右旋螺纹，螺纹车刀两侧切削刃的后角各应刃磨成多少度？

2. 在 CA6140 型车床上车削 M12 的米制螺纹，手柄位置如何变换？交换齿轮如何变换？

3. 在 CA6140 型车床上车削每 1 in（25.4 mm）内 8 牙的英制螺纹，手柄位置如何变换？交换齿轮如何变换？

4. 在丝杠螺距为 12 mm 的 CA6140 型车床上，车导程为 1.75 mm、4 mm、6 mm、8 mm 的螺纹，判断是否产生乱牙。

七、应用题

在图 6-1 所示普通螺纹的牙型上标注出牙型角、螺距、大径、中径、小径和螺纹升角。

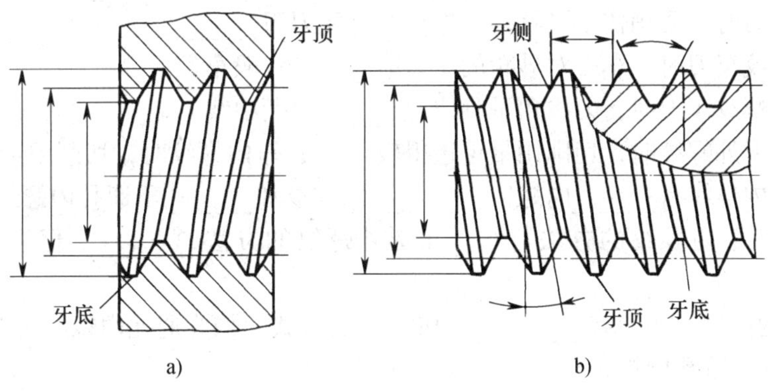

图 6-1

课题二　车三角形螺纹

一、填空题（将正确答案填在横线上）

1. ________螺纹、________螺纹、________螺纹和________螺纹的牙型都是三角形，所以统称为三角形螺纹。其中________螺纹应用最广泛，它分为__________螺纹和__________螺纹两种。

2. 下列普通螺纹 M6、M10、M14、M18 和 M22 的粗牙螺距分别是______mm、______mm、______mm、______mm 和______mm。

3. 常见的管螺纹有__________管螺纹、__________管螺纹、__________管螺纹、__________螺纹 4 种。其中牙型角为 55° 的管螺纹有______种，为 60° 的管螺纹有

______种。

4. 对背前角 $\gamma_p>0°$ 的螺纹车刀，粗磨时两刃夹角应略______牙型角；精磨时，再修磨________。

5. 刃磨刀刃时，要稍作水平移动，这样容易使刀刃______。

6. 刃磨螺纹车刀时，车刀对砂轮的压力应______一般车刀。

7. 刃磨外螺纹车刀时，刀尖角平分线应______刀柄中线。

8. 车三角形外螺纹时，切削用量可选得较____；车内螺纹时，切削用量宜取____些。

9. 三角形内螺纹有______内螺纹、______内螺纹和______不通孔内螺纹三种形式。

10. 车三角形内螺纹的方法与车三角形外螺纹的方法________，但进刀与退刀的方向______。

11. 常见的内螺纹车刀有________式和________式，均为通孔内螺纹车刀。________式为车削不通孔和台阶孔内螺纹车刀。

12. 装夹好的内螺纹车刀应在底孔内________试走一次，以防正式加工时刀柄和内孔________而影响加工。

13. 圆锥管螺纹的车削方法与三角形螺纹的车削方法相似，所不同的是需要解决螺纹的________问题，车削圆锥管螺纹的常用方法有________法、________法和________法等。

14. 管螺纹是一种特殊的英制细牙螺纹，其牙型角有______和______两种。

15. 手赶法车削正锥圆锥管螺纹时，螺纹车刀____，即前面朝____；主轴____转，车刀由______移动，同时____滑板径向手动均匀进刀，从而车出圆锥管螺纹。

16. 常见的螺纹检测方法有__________法和___________法两种。用螺纹量规来检验是____________法。

17. 一般螺纹的牙型角可以用__________或_____________来检验，梯形螺纹和锯齿形螺纹可用_____________来测量。

18. 车螺纹前，应首先调整好____和__________的松紧程度及________间隙。

19. 车脆性材料螺纹时，背吃刀量不宜_____，否则会使螺纹牙尖爆裂，造成废品。低速精车螺纹时，最后几刀采取______进给或____进给车削，以车光螺纹侧面。

二、判断题（正确的打“√”，错误的打“×”）

1. 细牙普通螺纹比粗牙普通螺纹的螺距小。（ ）

2. 英制螺纹的公称直径是指内螺纹大径，用 in 表示。（ ）

3. 美制统一螺纹的螺距 P 以 1 in（25.4 mm）中的有效牙数 n 表示，如 1 in 中有 19 牙，则螺距为 1/19 in。（ ）

4. 车左旋螺纹时，高速钢三角形外螺纹车刀的右侧切削刃的刃磨后角，一般选择 $\alpha_{oR}=6° \sim 8°$。（ ）

5. 车削较大螺距以及材料硬度较高的螺纹时，应在硬质合金三角形螺纹车刀两侧切削刃上磨出 $\gamma_{o1}=-5°$、$b_{\gamma 1}=0.2 \sim 0.4$ mm 的倒棱。（ ）

6. 为防止高速车削时产生振动和“扎刀”，外螺纹车刀刀尖可高于工件中心 1 ~ 2 mm。（ ）

7. 螺纹车刀不宜伸出刀架过长，一般伸出长度为刀柄厚度的5倍，约25 ~ 30 mm。（　）

8. 经刃磨后重新装夹或中途更换螺纹车刀，这时需要重新调整车刀中心高和刀尖半角。（　）

9. 高速车螺纹，实际螺纹牙型角会扩大。（　）

10. 内螺纹车刀除了其切削刃几何形状应具有外螺纹车刀的几何形状特点外，还应具有内孔车刀的特点。（　）

11. 车削塑性金属的三角形内螺纹前的孔径 $D_{孔}$，应比同规格的脆性金属的孔径 $D_{孔}$ 要小些。（　）

12. 车削内螺纹时，不能用手去摸螺纹表面，但可以把砂纸卷在手指上对内螺纹进行去毛刺。（　）

13. 管螺纹的尺寸代号指管子孔径的尺寸。（　）

14. 车削螺纹时，用钢直尺、游标卡尺或螺纹样板对螺距（或导程）进行测量。（　）

15. 用螺纹千分尺只能测量牙型角为60°的螺纹中径。（　）

三、选择题（将正确答案的代号填在括号内）

1.（　）螺纹是在管子上加工的特殊的细牙螺纹，其牙型角有55°和60°两种。

A. 普通　B. 英制　C. 管　D. 小

2. 美制统一螺纹的牙型角为（　），英制螺纹的牙型角为（　）。

A. 30°　B. 60°　C. 55°　D. 29°

3. 用刀尖角 ε_r=55°的三角形螺纹车刀，可以车削（　）螺纹、55°非密封管螺纹和55°密封管螺纹。

A. 米制锥　B. 普通　C. 小　D. 英制

4. 高速切削普通螺纹时，硬质合金三角形外螺纹车刀的刀尖角应选择（　）。

A. 59° 30′　B. 60°　C. 60° 30′　D. 55°

5. 低速车削螺距较小（P<2.5 mm）的螺纹或高速车削三角形螺纹时，用（　）法。

A. 左右切削　B. 斜进

C. 直进　D. 斜进法或左右切削

6. 高速切削螺距为1.5 ~ 3.5 mm的三角形外螺纹，其外径一般可以减小（　）mm。

A. 0.05　B. 0.1　C. 0.2 ~ 0.4　D. 0.5 ~ 0.6

7.（　）法车削三角形外螺纹时，切削用量可取大些。

A. 左右切削　B. 斜进

C. 直进　D. 斜进法或左右切削

8. 内螺纹车刀刀柄受螺纹孔径尺寸的限制，刀柄应在保证顺利车削的前提下尽量选择截面积（　）些，一般选用车刀切削部分径向尺寸比孔径小（　）mm的螺纹车刀。

A. 大　B. 3 ~ 5

C. 小　D. 5 ~ 10

9. 车不通孔螺纹或台阶孔螺纹时，还需车好退刀槽，退刀槽直径应（　）内螺纹大径，槽宽为（2 ~ 3）P，并与台阶平面切平。

A．小于　　B．等于　　C．大于

10．螺距 $P \leqslant 2$ mm 的内螺纹一般采用（　　）法车削，$P>2$ mm 的内螺纹一般先用（　　）法粗车，并向进给相反方向一侧借刀，以改善内螺纹车刀的受力状况，使粗车能顺利进行。精车时采用微量借刀（　　）法精车两侧面，以减小牙型侧面的表面粗糙度值，最后采用（　　）法车至螺纹大径。

A．左右切削　　B．斜进

C．直进　　D．斜进法或左右切削

四、名词解释

1．4—14UNF—3A

2．径向退刀

3．综合检测法

五、简答题

1．简述螺纹车刀的刃磨要求。

2．车削三角形外螺纹前对工件的主要工艺要求有哪些?

3．低速车削三角形螺纹有哪几种进刀方法?各有哪些优缺点?各适用于什么场合?

4．简述车削螺纹的中途换刀法的操作方法。

5．高速车削螺纹时为什么不宜采用左右切削法?

6．简述车削圆锥管螺纹的径向进刀法的操作方法。

7．怎样测量螺纹的螺距？

8．怎样测量螺纹的中径？

六、计算题

1．按表 6–1 的已知条件，计算出有关数据并填入表中。

表 6–1

顺序	螺纹标记	螺距	螺纹大径	螺纹中径	牙型高度	内螺纹小径
1	M6					
2	M12					
3	M20					
4	M30 × 2					
5	M48 × 1.5					

2．每 1 in（25.4 mm）内 7 牙、10 牙和 14 牙的英制螺纹，计算螺距各为多少毫米。

3．需要车削 M24 的螺母两件，工件的材料一件为铸造铜合金 ZCuSn10Zn2，另一件为 45 钢，分别求出车削内螺纹前的孔径尺寸。

4．螺距 P=3 mm 的螺纹，其进给次数和背吃刀量如何分配？

课题三　套螺纹和攻螺纹

一、填空题（将正确答案填在横线上）

1．一般直径不大于 M_____或螺距小于_____mm 的螺纹，可用套螺纹的方法直接加工出来。

2．套螺纹以加工 M______的螺纹效果最好。

3．丝锥有很多种，可分为________和________两类。________通常是用单支攻螺纹，一次成型效率高。

4．三支一组的手用丝锥，分别称为__________、__________和__________。

5．攻盲孔内螺纹时，应选用有________机构的攻螺纹工具，应在丝锥上或攻螺纹工具上做出________标记，防止丝锥攻至孔底造成丝锥________。

二、判断题（正确的打“√”，错误的打“×”）

1．板牙是一种用于各种公称直径的多刃螺纹加工工具。　　（　　）

2．板牙两端的锥角是切削部分，因此正反都可使用。板牙中间完整的齿深为螺纹牙型的校正部分。　　（　　）

3．套螺纹工具在尾座套筒锥孔中必须装紧。　　（　　）

4．板牙装入套螺纹工具时，不必使板牙端面与主轴轴线垂直，套螺纹过程中板牙会自动找正。（　　）

5．攻螺纹可以加工内螺纹车刀无法车削的小直径或加工困难的内螺纹。（　　）

6．攻螺纹时的切削速度越快越好。（　　）

7．铸铁材料上攻内螺纹，可选用煤油也可使用乳化液。（　　）

8．攻螺纹时，要一次攻至所需深度。（　　）

三、选择题（将正确答案的代号填在括号内）

1．套螺纹时，如果工件是钢件，一般选用（　　）。

A．硫化切削油　　B．机油或乳化液

C．工业植物油　　D．煤油或不使用切削液

2．套螺纹时，外圆车至尺寸后，端面倒角要（　　）45°，使板牙容易切入。

A．等于　　B．大于　　C．小于

3．两支一组的手用丝锥，主要用来攻（　　）的内螺纹。

A．M6 ~ M24　　B．M6 以下　　C．M24 以上　　D．M12 ~ M18

4．（　　）丝锥的柄部多一个环形槽，用以防止丝锥从攻螺纹工具中脱落。

A．三支一组的手用　　B．手用

C．两支一组的手用　　D．机用

四、名词解释

1．套螺纹

2．攻螺纹

五、简答题

攻螺纹与套螺纹时螺纹表面粗糙度值大的原因有哪些？

六、计算题

1. 用 M12 的板牙套螺纹，求加工前工件外圆直径。

2. 工件材料为铸铁，攻制 M10 螺纹，其有效长度 $h_{有效}$为 38 mm，求攻螺纹前的孔径尺寸及底孔深度。

课题四　车矩形螺纹、梯形螺纹和锯齿形螺纹

一、填空题（将正确答案填在横线上）

1. 梯形螺纹是应用很广泛的________螺纹，分米制和英制两种。我国常采用的米制梯形螺纹的牙型角为________。

2. 高速钢梯形外螺纹粗车刀的刀尖角 ε_r 应略小于螺纹牙型角________，刀头宽度应________牙槽底宽 W。

3. 在刃磨和装夹锯齿形螺纹车刀时，用________________检查和找正车刀刃磨的角度和装夹位置。

4. 低速车削梯形螺纹的进刀方法有______________、____________和______________，其中____________和____________适用于车削 $P \leqslant 8$ mm 的梯形螺纹。

5. 梯形内螺纹通常使用标准的梯形螺纹量规——_________和________进行综合检测。

6. 车螺纹时，为防止因溜板箱手轮转动时的不平衡而使床鞍发生窜动，应采用_______装置。

二、判断题（正确的打"√"，错误的打"×"）

1. 矩形螺纹是国家标准螺纹。　（　）

2．矩形螺纹的实际牙型是正方形。（　　）

3．锯齿形内外螺纹配合时，小径之间有间隙，大径之间没有间隙。（　　）

4．锯齿形螺纹能承受较大的单向压力，通常用于起重和压力机械设备中。（　　）

5．锯齿形螺纹的牙型角分别是 3°、29°。（　　）

6．锯齿形螺纹的内螺纹大径和外螺纹大径都代表锯齿形螺纹的公称直径。（　　）

7．锯齿形内、外螺纹车刀是一个不等腰梯形，牙型的一侧面与轴线垂直面的夹角为 30°，另一侧面的夹角为 3°。（　　）

8．采用直进法高速车削梯形螺纹，可用双圆弧硬质合金梯形外螺纹车刀进行粗、精车。（　　）

9．车削螺距 P 为 4 ~ 12 mm 的矩形螺纹时，先用直进法粗车，两侧各留 0.2 ~ 0.4 mm 的余量，再用精车刀采用直进法精车。（　　）

10．刃磨梯形螺纹和锯齿形螺纹车刀的两侧后角时，必须考虑螺纹升角的影响，而矩形螺纹车刀则不必考虑。（　　）

11．对梯形螺纹也可像普通螺纹那样采用螺纹量规综合检验。（　　）

12．车梯形螺纹时，应选择较小的切削用量，减小工件的变形，同时应充分加注切削液。（　　）

13．车梯形内螺纹时，应在端面上车一个轴向深度为 1 ~ 2 mm、孔径等于螺纹基本尺寸的内台阶孔，作为对刀基准。（　　）

14．梯形内螺纹的车削方法与三角形内螺纹的车削方法基本相同。（　　）

15．车内螺纹时，首先加工内螺纹底孔，孔径应略小于螺纹小径的基本尺寸。（　　）

16．可以用螺纹千分尺测量梯形螺纹中径。（　　）

17．检测梯形内螺纹时，先用小径塞规（测量面为光滑外圆柱面）检查小径，小径塞规的通端能顺利进入内螺纹，止端不能进入（允许内螺纹小径两端进入不超过一个螺距），则说明被检测梯形内螺纹完全合格。（　　）

18．检测梯形内螺纹，用小径塞规检查小径合格后，再用螺纹塞规检测，若螺纹塞规的通端能顺利拧入工件内螺纹，而止端不能拧入，取下后在螺母的两侧均能顺利旋入，且松紧得当，轴向间隙小于 0.1 mm，则说明被检测梯形内螺纹合格。（　　）

三、选择题（将正确答案的代号填在括号内）

1．矩形螺纹的牙型角为（　　）。

A．0°　　B．29°　　C．33°　　D．90°

2．为了减小螺纹牙侧的表面粗糙度值，在（　　）精车刀的两侧面切削刃上应磨有 b'_ε 为 0.3 ~ 0.5 mm 的修光刃。

A．三角形　　B．矩形　　C．梯形　　D．锯齿形

3．高速钢梯形螺纹粗车刀的刀头宽度应（　　）牙槽底宽。

A．等于　　B．略大于　　C．略小于　　D．大于或等于

4．高速钢梯形螺纹精车刀前端切削刃（　　）参加切削。

A．能　　B．一定要　　C．不能

5．高速钢梯形外螺纹精车刀都磨有前角 γ_o 为 12° ~ 16° 的卷屑槽，故其刀尖角 ε_r 应

(　　) 牙型角 α 。

A. 小于　　B. 大于　　C. 等丁

6. 采用车直槽法车梯形螺纹，粗车刀的刀头宽应(　　) 牙槽底宽。

A. 小于　　B. 略小于　　C. 等于　　D. 大于

7. 粗车 $P \leqslant 8$ mm 的梯形螺纹，可以采用的车削方法是(　　)。

A. 低速左右车削法　　B. 低速车直槽法

C. 低速车阶梯槽法　　D. 高速直进法

E. 高速车阶梯槽法

8. 用(　　) 测量螺纹中径时，在测量前应先量出螺纹大径的实际尺寸 d_0。

A. 螺纹千分尺　　B. 三针测量法

C. 单针测量法　　D. 螺纹量规

9. (　　) 螺纹精车刀两侧刃要刃磨平直，刀刃要保持锋利，两侧切削刃应对称，刀体不能歪斜。

A. 梯形　　B. 三角形　　C. 矩形　　D. 锯齿形

四、简答题

1. 车削梯形螺纹有哪几种方法？当螺距较大时应采用哪种方法？

2. 简述梯形内螺纹车刀的形式及刃磨要求。

五、计算题

1. 车削矩形螺纹 50×8 的丝杠，求矩形螺纹各基本要素的尺寸。

2. 车削左旋矩形螺纹 60×12 的丝杠，已知螺纹升角 ψ=4° 33′，求矩形螺纹车刀各部分的尺寸。

3. 车削 Tr48×8 的丝杠和螺母，计算外、内螺纹各基本要素的尺寸和螺纹升角。

4. 车削 Tr30×8 的丝杠，计算外螺纹的中径、小径、牙高、牙槽底宽。

5. 车削矩形螺纹 50×8 的丝杠，求矩形螺纹各基本要素的尺寸。

6．用三针测量 Tr60 × 10—8e 的丝杠，求最佳量针直径 d_D 和千分尺计数值 M。

7．用单针测量 Tr60 × 9—7h 梯形螺纹，量得梯形螺纹实际外径 d_0=59.93 mm，求单针测量值 A。

六、应用题

1．绘出车削矩形 48 × 12 螺纹车刀的几何形状，并注上尺寸及角度。

2．绘出车削 Tr52 × 9 螺纹高速钢精车刀的几何形状，并注上尺寸及角度。

课题五　车　蜗　杆

一、填空题（将正确答案填在横线上）

1．蜗杆和蜗轮组成的蜗杆副常用于________传动机构中，以传递两轴在空间成______交错的运动。

2．蜗杆一般可分为________蜗杆和________蜗杆两种。常见蜗杆的齿形有__________蜗杆和__________蜗杆两种。

3．将蜗杆车刀左右两侧切削刃组成的平面垂直于螺旋线装夹（法向装刀），这时两侧切削刃的前角都为______。

4．粗车轴向直廓蜗杆、粗车法向直廓蜗杆和精车法向直廓蜗杆时，应该用_________法。

5．由于蜗杆的导程角 γ 比较大，为了改善切削条件和达到垂直装刀法的要求，可采用__________刀柄。

6．蜗杆的法向齿厚可以用______________进行测量，主要测量蜗杆______处的法向齿厚 S_n。

7．在测量时，应把游标齿厚卡尺的齿高卡尺读数调整到__________的尺寸（必须注意齿顶圆直径尺寸的误差对齿顶高的影响），齿厚卡尺所测得的读数就是________的实际尺寸。

二、判断题（正确的打“√”，错误的打“×”）

1．米制蜗杆的齿形角 α 为40°。（　　）

2．机械中最常用的是阿基米德蜗杆（即轴向直廓蜗杆），这种蜗杆的加工比较简单。（　　）

3．车梯形螺纹比车蜗杆难度大。（　　）

4．法向装刀时，在车刀前面上不许磨出有较大前角的卷屑槽。（　　）

5．车蜗杆时不能使用倒顺车法，只能使用提开合螺母法车削。（　　）

三、选择题（将正确答案的代号填在括号内）

1．蜗杆车刀两侧切削刃之间的夹角为（　　）。

A．30°　　B．20°　　C．40°　　D．14.5°

2．（　　）蜗杆时，应采用水平装刀法。

A．粗车轴向直廓　　B．精车轴向直廓

C．粗车法向直廓　　D．精车法向直廓

3．车蜗杆时的交换齿轮箱中的齿轮分别是：z_A=（　　）齿，z_B=（　　）齿，z_C=（　　）齿。

A．63　　B．64　　C．100　　D．75　　E．97

4．垂直装刀法适用于（　　）。

A．粗车轴向直廓蜗杆　　B．精车轴向直廓蜗杆

C．粗车法向直廓蜗杆　　D．精车法向直廓蜗杆

5．交换齿轮箱中的齿轮相互啮合不能太紧或太松，必须保证齿侧有（　　）mm 的啮合间隙。

A．0.1 ~ 0.2　　B．0.5　　C．1　　D．0.05 ~ 0.1

6．车削单头蜗杆时，车第一刀后应先检查蜗杆的（　　）是否正确。

A．齿形角　　B．螺距　　C．导程　　D．轴向齿距

四、名词解释

1．齿形角

2．轴向直廓蜗杆

3．法向直廓蜗杆

4．水平装刀法

5．垂直装刀法

五、简答题

1．常用的蜗杆齿形有哪两种？如何根据蜗杆的齿形选用适当的装刀方法？

2．简述蜗杆的一般技术要求。

六、计算题

1．车削一米制蜗杆，齿形角 $\alpha=20°$，分度圆直径 $d_1=40$ mm，轴向模数 $m_x=4$ mm，头数 $z_1=1$，求蜗杆的轴向齿距 p_x、全齿高 h、齿顶圆直径 d_a、轴向齿顶宽 s_a 和轴向齿根槽宽 e_f。

2．已知单头蜗杆（$\alpha=20°$）的分度圆直径 $d_1=50$ mm，轴向模数 $m_x=5$ mm，计算蜗杆基本要素的尺寸。

七、应用题

绘出车削轴向模数 m_x=3 mm 轴向直廓蜗杆粗、精车刀的几何形状，并注上尺寸及角度。

课题六　车多线螺纹

一、填空题（将正确答案填在横线上）

1. 完整的螺纹标记由________代号、________代号、________代号、________代号以及________代号等信息组成。

2. 螺纹按螺旋线的线数可分为______螺纹和______螺纹。

3. ________的条数称为多线螺纹的线数。单线螺纹的线数 n=____，一般多线螺纹的线数 n=________。

4. 多线螺纹的各螺旋槽在轴向是________分布的，在圆周上是________分布的。

5. 双线螺纹的分线次数为______________，双线螺纹各起始点在端面上相隔的角度 θ 为________，轴向分线间距为________。

6. 多线梯形螺纹的技术要求为：多线螺纹的________、________、________必须相等。

7. 根据多线螺纹的各螺旋槽在________是等距离分布、在__________是等角度分布的特点，分线方法有________分线法和________分线法两种。

8. 当车床交换齿轮箱中的齿数 z_1 是螺纹线数的整数倍时，就可以应用___________分线法。

9. ____________法只要精确控制车刀沿轴向移动的距离，就可达到分线的目的。

10. 多线螺纹上每一条螺旋槽的车削方法与车削单线螺纹________，关键是准确地__________和保证各螺旋槽尺寸_______。

11. 用小滑板刻线分线时，应先检查小滑板行程是否满足________的要求和小滑板导轨是否与车床主轴轴线________，在每次分线时小滑板手柄的转动方向必须_________，以避免小滑板丝杠与螺母之间的________而产生误差。

二、判断题（正确的打“√”，错误的打“×”）

1. 单线螺纹只标螺距，多线梯形螺纹同时标导程和线数。 （ ）

2. 普通螺纹、矩形螺纹、梯形螺纹和锯齿形螺纹只标中径公差带代号，无顶径公差带代号。 （ ）

3. 利用小滑板刻度分线比较简便，不需其他辅助工具，但等距精度不高，一般用于大批量多线螺纹的粗车。 （ ）

4. 当多线螺纹的导程为车床丝杠螺距的整数倍，且其倍数又等于线数时，可利用交换齿轮分线。 （ ）

5. 车削精度要求较高的多线螺纹时，因为分线困难，应把第一条螺旋槽粗、精车完毕后，再开始逐个粗、精车其他各条螺旋槽。 （ ）

6. 用左右切削法车削多线螺纹时，螺纹车刀的左右移动量应相等。 （ ）

7. 由于多线螺纹的螺纹升角大，车刀两侧后角要相应增减。 （ ）

8. 分线后精车采用左右切削法，必须先车削各螺旋槽的同一侧面，然后再车削各螺旋槽的另一侧面。 （ ）

三、选择题（将正确答案的代号填在括号内）

1. 可利用三爪自定心卡盘对（ ）螺纹进行分线。

A. 三线　　B. 三线和六线　　C. 双线和四线　　D. 六线

2. 多孔插盘上等分 12 个定位插孔时，可以对（ ）线的多线螺纹进行分线。

A. 2、3、4、8　　B. 2、4、6、8　　C. 2、3、5、8　　D. 2、3、4、6

3. 最简便的分线方法是用（ ）分线法；成批车削多线螺纹时，最理想的分线方法是用（ ）分线法。

A. 小滑板　　B. 百分表和量块

C. 交换齿轮　　D. 分度插盘

E. 卡盘卡爪

4. 用百分表分线时，百分表的测量杆应与工件轴线（ ），否则也会产生分线误差。

A. 重合　　B. 倾斜　　C. 垂直　　D. 平行

四、名词解释

1. 多线螺纹

2．分线

3．轴向分线法

4．圆周分线法

五、简答题

1．解释以下螺纹代号的含义。

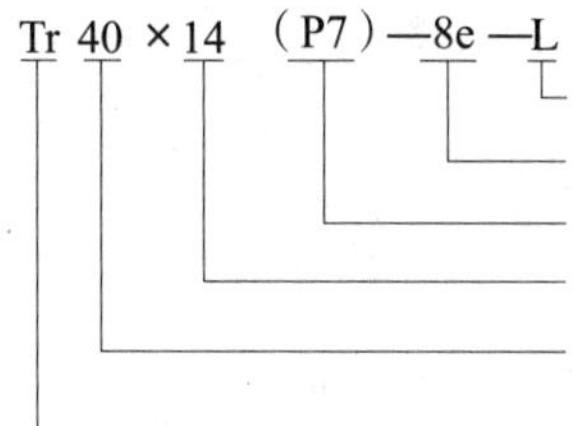

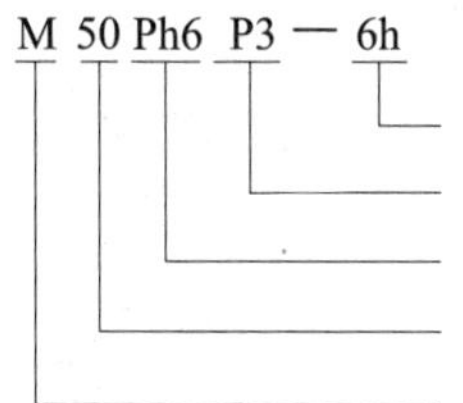

2. 多线螺纹的分线方法有哪两类？各有哪些具体方法？

3. 多线螺纹的导程与螺距的关系是怎样的？

4. 为什么必须重视多线螺纹的分线精度？

5. 用百分表和量块进行分线时应注意些什么？

6. 卡盘分线法有哪些特点？

7. 交换齿轮分线法有哪些特点？

8．多线螺纹分线不正确的主要原因有哪些？

六、计算题

1．车床小滑板刻度盘每格移动 0.05 mm，在车削 Tr36 × 12（P6）LH—7e 的梯形螺纹时，若采用小滑板刻度分线法分线，计算分线时小滑板刻度盘应摇进的格数。

2．车削三线普通螺纹，如果用分度盘分线法分线，分度盘应转过几度？

第七单元　车床工艺装备

课题一　夹具的基本概念

一、填空题（将正确答案填在横线上）

1. 车床夹具包括________夹具、________夹具和________夹具三种。

2. ________夹具无须调整或稍加调整即可装夹不同的工件。

3. 夹具一般由____________、____________和__________等组成。

4. 夹具的________装置是指在工件定位后将其固定的装置，可用以保持工件在加工过程中的定位位置不变。

二、判断题（正确的打“√”，错误的打“×”）

1. 中心架属于专用夹具。　（　　）

2. 三爪自定心卡盘属于通用夹具。　（　　）

3. 专用夹具适用于小批量生产或新产品试制。　（　　）

4. 辅助装置是夹具中一些可有可无的附属装置。　（　　）

三、选择题（将正确答案的代号填在括号内）

1. 四爪单动卡盘是车床的附件，属于（　　）夹具。

A. 通用　　B. 专用　　C. 组合

2. （　　）夹具针对性强，结构紧凑，操作方便。

A. 通用　　B. 专用　　C. 组合

3. 在产品相对稳定、批量较大的生产中，使用各种（　　）夹具可获得较高的加工精度和生产效率。

A. 通用　　B. 专用　　C. 组合

4. （　　）的作用是将定位、夹紧装置连成一个整体，并使夹具与机床的有关部位相连接，确定夹具相对于机床的位置。

A. 定位装置　　B. 夹紧装置　　C. 夹具体　　D. 辅助装置

5. 压板是夹具中的（　　）装置。

A. 定位　　B. 夹紧　　C. 夹具体　　D. 辅助

6. 平衡铁是夹具中的（　　）装置。

A. 定位　　B. 夹紧　　C. 夹具体　　D. 辅助

四、名词解释

1．车床夹具

2．通用夹具

3．专用夹具

4．组合夹具

5．定位装置

五、简答题

专用夹具的作用是什么？

课题二　工件的定位

一、填空题（将正确答案填在横线上）

1．工件的定位是通过工件的__________与夹具__________的接触来实现的。

2．工件定位时，作为基准的点和线往往由某些具体表面体现出来，这种表面称为____________。

3．工件在空间直角坐标系中，沿坐标轴移动的自由度分别用______、______、______表示，沿坐标轴转动的自由度分别用______、______、______表示。

4．工件在夹具中的定位主要有__________定位、____________定位、________定位和________定位等类型。

5．当工件以平面作为定位基准时，一般应采用__________的方法，并尽量________支撑点之间的距离。

6．工件以平面定位时的定位元件主要有＿＿＿＿＿＿、＿＿＿＿＿＿、＿＿＿＿＿＿和＿＿＿＿＿＿等。

7．支撑钉有＿＿＿＿型、＿＿＿＿型和＿＿＿＿＿＿型等结构形式。

8．装配后位置固定不变的定位元件称为＿＿＿＿＿＿。

9．＿＿＿＿＿＿仅与工件适当接触，不起任何限制自由度的作用。

10．V形架两限位基准之间的夹角有＿＿＿、＿＿＿和＿＿＿三种，其中以＿＿＿的应用最广。

11．工件以内孔定位时，其定位元件主要有＿＿＿＿＿、＿＿＿＿＿及＿＿＿＿＿＿。

12．定位销分为＿＿＿＿＿和＿＿＿＿＿两类，定位销可限制工件的＿＿个自由度。

13．定位销常用于＿＿＿＿＿的定位，是＿＿＿＿＿定位中常用的定位元件之一。

二、判断题（正确的打“√”，错误的打“×”）

1．定位基面是指工件上与夹具定位元件工作表面相接触的表面。（　　）

2．用两顶尖装夹车轴时，轴的两中心孔就是定位基准。（　　）

3．加工工件时，不完全定位和欠定位都是允许的。（　　）

4．欠定位又称为部分定位。（　　）

5．为了保证定位稳定、可靠，一般应采用三点定位的方法，并尽量减小支撑点之间的距离。（　　）

6．在用大平面定位时，应把定位平面的中间部分做成凹的，这样可提高工件定位的稳定性。（　　）

7．网纹顶面型支撑钉适用于未加工平面的定位。（　　）

8．A型支撑板适用于精加工过的大、中型工件的底平面定位。（　　）

9．支撑钉和支撑板都是固定支撑。（　　）

10．可调支撑和辅助支撑不起任何限制自由度的作用。（　　）

11．使用削边销时应注意，要使它的横截面短轴垂直于两销的轴心连线。（　　）

三、选择题（将正确答案的代号填在括号内）

1．工件定位时，定位元件实际所限制的自由度数目少于六个，但工件能够正确定位的是（　　）定位。

A．完全　　B．不完全　　C．重复　　D．欠

2．采用一夹一顶装夹工件时，卡爪夹持部分应短一些，是为了避免（　　）定位而采取的措施。

A．完全　　B．不完全　　C．重复　　D．欠

3．（　　）主要用于毛坯面定位，尤其适用于尺寸变化较大的毛坯。

A．支撑钉　　B．支撑板　　C．可调支撑　　D．辅助支撑

4．（　　）型支撑钉主要用于已加工平面的定位。

A．平头　　B．球面　　C．网纹顶面

5．（　　）主要用于大型轴类工件及不便于轴向装夹的工件。

A．在 V 形架中定位　　B．在定位套中定位
C．在半圆弧定位套上定位　　D．圆锥定位夹具

6．车削连杆、套筒、齿轮和盘盖等工件，常以加工好的（　　）作为定位基准。
A．平面　　B．外圆　　C．内孔　　D．两孔一面

7．（　　）定位适用于小批量且定心精度要求较高的圆柱孔的精加工。
A．间隙配合圆柱心轴　　B．过盈配合圆柱心轴
C．圆锥心轴

四、名词解释

1．工件的定位

2．定位基准

3．六点定位规则

4．完全定位

5．不完全定位

6．重复定位

7．欠定位

五、简答题

1．工件以内孔定位有什么优点？

2．过盈配合圆柱心轴有什么特点？

3．一个空间物体有哪 6 个自由度？一个平面能限制几个自由度？

4．工件以外圆定位时常用哪几种定位方式？各适用于什么场合？

六、应用题

如图 7–1 所示的工件装夹在心轴上，试分析：

（1）长圆柱心轴限制哪几个自由度？

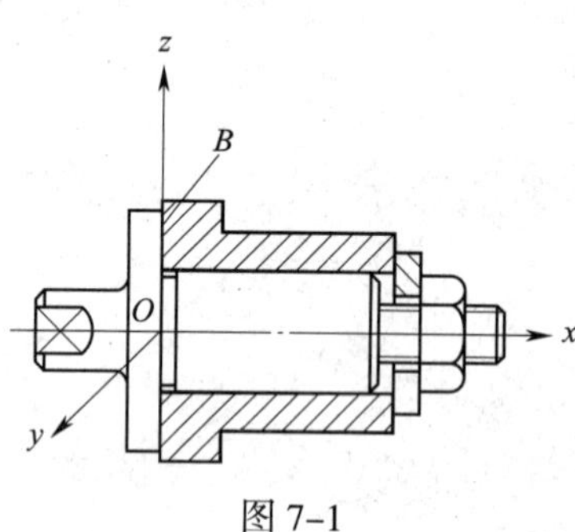

图 7–1

（2）台阶端面 B 限制哪几个自由度？

（3）该工件的定位方法属于哪种定位？

（4）该工件的定位方法有什么缺陷？如何解决？

课题三 工件的夹紧

一、填空题（将正确答案填在横线上）

1．工件的装夹包括________和________，这两个工作过程既有本质区别，又有密切联系。

2．夹紧装置的种类很多，按其结构可分为__________夹紧装置、__________夹紧装置和__________夹紧装置等。

3．由于斜楔夹紧机构产生的夹紧力________，且夹紧________、________，因此多数情况下是斜楔与其他元件或机构组合起来使用。

4．________夹紧装置的夹紧力大，自锁性能好，适用于手动夹紧。

二、判断题（正确的打“√”，错误的打“×”）

1．螺旋夹紧装置结构简单，夹紧可靠，夹紧行程大，夹紧或松开工件也比较省力。（ ）

2．在使用夹具对工件进行夹紧时，对工件施加的夹紧力越大，对保证加工质量越可靠。（ ）

三、选择题（将正确答案的代号填在括号内）

1．便于增大夹紧力，自锁性能好的夹紧装置是（ ）夹紧装置。

A．斜楔 B．螺旋 C．螺旋压板

2．在简单的夹紧机构中，（ ）的使用最为广泛。

A．螺钉夹紧机构 B．螺母夹紧机构

C．螺旋压板夹紧装置　　　　　　　D．斜楔夹紧装置

3．当工件以内孔定位时，常采用（　　）夹紧装置。

A．斜楔　　B．螺钉　　C．螺母　　D．螺旋压板

四、简答题

对夹紧装置的基本要求有哪些？

课题四　常见车床夹具

一、填空题（将正确答案填在横线上）

1．内、外拨动顶尖的圆锥角一般为________，外拨动顶尖用于装夹________工件，内拨动顶尖用于装夹________工件。

2．端面拨动顶尖适用于装夹外径为________ ~ ________mm 的工件。

3．定心夹紧机构中，与工件定位基准接触的元件既是________元件又是________元件。

4．车床上常用的定心夹紧装置分为____________、____________和______________等。

5．________心轴适用于加工内、外圆无同轴度要求，或只需加工外圆柱面的套筒类工件。

二、判断题（正确的打“√”，错误的打“×”）

1．用端面拨动顶尖装夹工件时，工件以端面定位。（　　）

2．车床上常用的定心夹紧装置是弹簧套筒定心夹紧装置。（　　）

3．顶尖式心轴主要用于以内孔定位时工件的装夹。（　　）

三、选择题（将正确答案的代号填在括号内）

1．内、外拨动顶尖的圆锥角一般为（　　），在其锥面上加工有淬硬的齿。

A．30°　　B．45°　　C．60°

D．90°　　E．120°

2．（　　）主要用于装夹以外圆柱面为定位基准的工件。

A．弹簧套筒定心夹紧装置　　　　B．弹簧夹头

C．弹簧心轴　　　　　　　　　　D．顶尖式心轴

3．（　　）主要用于以内孔定位时工件的装夹。

A．弹簧夹头　　B．弹簧心轴　　C．顶尖式心轴

四、简答题

1. 什么是定心夹紧装置?

2. 简述图 7–2 所示弹簧夹头的工作原理。

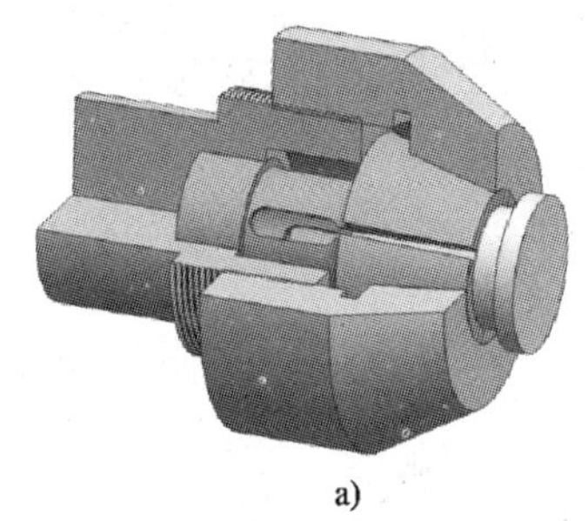

a)

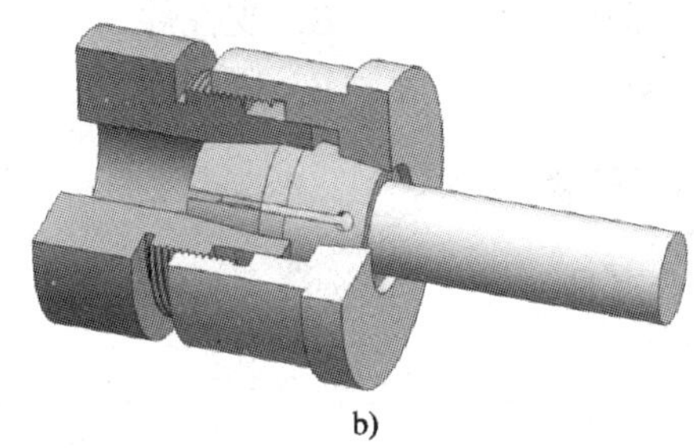

b)

图 7–2

课题五　组合夹具简介

一、填空题（将正确答案填在横线上）

1. 导向件用来确定________与________间的相对位置。

2. 紧固件用于________组合夹具元件和________工件。

3. 组合件是指在组装过程中不拆开使用的________部件，按其用途可以分为________组合件、________组合件、________组合件和________组合件等。

二、判断题（正确的打“√”，错误的打“×”）

1. 组合夹具是在夹具零部件标准化的基础上发展起来的一种新型工艺装备，特别适用于大批量生产。（　）

2. 基础件是夹具体的骨架。（　）

3. 定位件主要用于工件的定位和确定元件与元件之间的相对位置。（　）

4．装在基础件上的元件都不能超出基础件的最大外径。 （　　）

三、选择题（将正确答案的代号填在括号内）

1.（　　）主要作夹具体用，上面有V形槽、键槽、光孔和螺孔等，用来定位和紧固其他元件。

A．基础件　　B．支撑件　　C．压紧件

D．紧固件　　E．定位件

2.（　　）用来确定刀具与工件间的相对位置。

A．基础件　　B．支撑件　　C．定位件

D．导向件　　E．紧固件

四、名词解释

1．组合夹具

2．组合夹具的组装

五、简答题

1．组合夹具有哪些优点?

2．组合夹具元件可分为哪几类?

3．简述组合夹具的组装步骤。

课题六　硬质合金可转位车刀

一、填空题（将正确答案填在横线上）

1. 硬质合金可转位车刀由________、________、________和________等组成。

2. 可转位刀片的型号由代表给定意义的______和________代号按一定顺序位置排列而成，共有____个号位。

3. 正方形可转位刀片可装成________、________、________等各种主偏角 $\kappa_r<90°$ 的车刀，用于车________、端面、孔和________。

4. 等边不等角六边形可转位刀片的刀尖角为________。

5. 不等边不等角六边形可转位刀片可装成 κ_r=________的车刀，用于车外圆、端面和孔。

6. 可转位刀片的型号中，第________位表示可转位刀片法后角 α_n，用一个字母表示，共有________种。如果是不等边刀片，该符号用于表示较________边的法后角。

7. 可转位刀片的型号中，第四位表示可转位刀片有无________与中心固定孔，用一个字母表示，共有________种。

8. 可转位刀片的型号中，第九位表示切削方向，用一个字母表示。其中 R 表示________切，L 表示________切，N 表示既能用于________切，又可用于________切。

9. 硬质合金可转位车刀各主要角度是由______________和刀片装夹在具有一定________刀槽的________上综合形成的。

10. ____________的作用是正常切削时防止切屑擦伤刀柄，并能防止刀片崩坏时损伤刀柄，从而延长刀柄的使用寿命。刀柄材料一般选用__________钢，硬度一般为__________HRC。

11. 可转位车刀的夹紧形式有________式、________式、________式、________式、________式、________式和________式等几种，其中________式、________式和________式是使用最普遍的形式。

12. 可转位车刀的上压式夹紧形式中以________上压式夹紧形式较常用，综合性能好，夹紧力大，但结构________。

13. ________夹紧形式适用于切断刀等片状车刀的夹紧。

二、判断题（正确的打“√”，错误的打“×”）

1. 等边不等角六边形可转位刀片的字母符号为 W。（　　）

2. 不等边不等角六边形可转位刀片的字母符号为 B。（　　）

3. 圆形可转位刀片的字母符号为 R。（　　）

4. 可转位刀片法后角靠刀片倾斜安装形成。（　　）

5. 可转位刀片法后角字母符号 N 表示刀片法后角 $\alpha_n=7°$。（　　）

6．可转位刀片第四位字母符号 M 表示有圆形固定孔和单面有断屑槽。（ ）

7．可转位刀片的型号中，第五位表示可转位刀片切削刃长度，用两位阿拉伯数字表示，如边长为 16.5 mm 的刀片代号为 16.5。（ ）

8．硬质合金可转位刀具的多数夹紧结构产生的夹紧力和切削力方向相反，而且指向刀柄定位支撑面。（ ）

9．硬质合金可转位刀具的刀片上有较合理的断屑槽，卷屑和断屑性能好，因此切削用量的选择范围不受限定。（ ）

10．可转位刀片的夹紧形式中，上压式是利用压板向下的压力将刀片压紧。这种夹紧形式夹紧力小，通过两定位侧面能获得稳定可靠的定位，耐冲击，但刀片上的压板使排屑受到一定影响。（ ）

三、简答题

1．可转位车刀的优点有哪些？

2．可转位车刀的定位夹紧结构应满足哪些要求？

3．使用硬质合金可转位车刀时应注意哪些问题？

第八单元　车复杂工件

课题一　车偏心工件

一、填空题（将正确答案填在横线上）

1. 对于数量较少的复杂工件，在三爪自定心卡盘和四爪单动卡盘上无法或不方便装夹，通常需要用相应的________、________等车床附件来装夹。

2. 在四爪单动卡盘上装夹工件前，应先在工件上划出________的位置。

3. 较长的偏心轴，只要两端能钻中心孔，且有装夹鸡心夹头的位置，都可以用________装夹进行车削。

4. 用两顶尖装夹车偏心工件，不需要用很多的时间去校正工件的________。

5. 用两顶尖装夹车偏心工件，关键是要保证基准圆柱中心孔和偏心圆柱中心孔的________精度，否则________精度将无法保证。

6. 偏心中心孔可在专门的________或________上钻出。

7. 偏心距较小的偏心轴，偏心中心孔与基准中心孔可能部分重叠，可将工件长度加长____________，即 L=________。

8. 在四爪单动卡盘上装夹工件，由于偏心距精度要求较高，可用划线盘上的________按划线位置初步找正，再用________找正。

9. 车削偏心轴的关键技术是如何找正轴线间的________和________的精度。

10. 应选择具有足够________的材料做垫片，以防装夹时发生挤压变形。垫片与卡爪接触的一面应做成与卡爪圆弧相匹配的________，否则垫片与卡爪之间会产生间隙。

11. 粗车偏心圆柱面会产生一定的冲击和振动。因此，外圆车刀应采取____刃倾角；刚开始车削时，背吃刀量稍____些，进给量要____些。

12. 加工数量________、偏心距精度要求________的工件时，可以制造专用偏心夹具来装夹和车削。

13. 两端有中心孔的偏心轴，如果偏心距__________，可放在____________间测量偏心距。

14. 测量偏心距较大的工件时，因为受到百分表测量范围的限制，最好把工件安装在__________中。

二、判断题（正确的打“√”，错误的打“×”）

1. 划线往工件上涂抹涂剂时，不宜涂薄，以免影响划线的清晰度。（　　）

2. 划线时，划线平台表面与游标高度卡尺底座平面应光洁无毛刺，可薄薄地涂一层机

油，以减小游标高度卡尺移动时与平台表面的摩擦阻力。（　　）

3. 按划线找正工件前，先移动尾座，用后顶尖靠近工件端面，检查顶尖是否对准偏心圆中心，再根据实际情况找正后移去尾座，可大大缩短找正时间。（　　）

4. 用两偏心中心孔定位车削偏心外圆，与在两顶尖间车削一般外圆的方法相同，主要的差别是车削偏心外圆时加工余量变化很大，且是断续切削，因此，会产生较大的冲击和振动。（　　）

5. 在两顶尖间车削偏心工件，会产生较大的冲击和振动，顶尖与中心孔的接触松紧程度要紧些，且在加工中要经常加注润滑油，以减少磨损。（　　）

6. 在四爪单动卡盘上装夹工件，找正外圆侧素线水平后，再将卡盘（工件）转动90°，对侧素线进行检查和找正。（　　）

7. 为了保证偏心工件的工作精度，在车削偏心工件时，应特别注意控制轴线间的平行度和偏心距的精度。（　　）

8. 开始车偏心时，由于偏心部分两边的切削量相差很多，车刀应先远离工件后再启动主轴。（　　）

9. 车刀刀尖从偏心的最外一点逐步切入工件进行车削，这样可有效地防止工件碰撞车刀。（　　）

10. 由于偏心卡盘的偏心距可用量块或百分表测得，因此可以获得很高的精度。（　　）

11. 精度较低的偏心工件，可以在偏心卡盘上车削。（　　）

三、选择题（将正确答案的代号填在括号内）

1. 一般的偏心轴，只要两端面能钻中心孔，有鸡心夹头的装夹位置，都可以用在（　　）车偏心的方法进行车削。

A. 四爪单动卡盘上　　B. 三爪自定心卡盘上

C. 两顶尖间　　D. 花盘上

2. 在两顶尖之间车偏心工件时，（　　）花费时间去找正偏心。

A. 需要多　　B. 需要少　　C. 不需要

3. 对数量少、偏心距小、长度较短、不便于两顶间装夹或形状比较复杂的偏心工件，可以用（　　）装夹车削。

A. 三爪自定心卡盘　　B. 四爪单动卡盘

C. 两顶尖　　D. 专用偏心夹具

4. 在四爪单动卡盘上车偏心套时，若偏心距误差较大，（　　）卡爪。

A. 可少量调整不对称位置的两　　B. 仅需继续夹紧

C. 可少量调整对称位置的两

5. 装夹工件时，工件轴线不能歪斜，以免影响加工质量。调整偏心距后仍要重新找正外圆侧素线与车床主轴轴线的（　　）。

A. 线轮廓度　　B. 对称度

C. 垂直度　　D. 平行度

6. 在（　　）上车偏心工件的方法适用于偏心距 e 精度一般、长度较短、形状较简单、加工数量较多且偏心距 $e \leqslant 6$ mm 的短偏心工件。

A. 三爪自定心卡盘　　B. 四爪单动卡盘

C. 两顶尖　　D. 专用偏心夹具

7. 在三爪自定心卡盘上车偏心工件时，要先用公式 x=（　　）计算出垫片厚度，再进行试车削。

A. $1.5e+k$　　B. $1.5k+e$　　C. $1.5e$　　D. $1.5\Delta e$

8. 在三爪自定心卡盘上车削偏心距 e=3 mm 的工件，垫片的厚度大约为（　　）mm。

A. 3　　B. 4.5　　C. 6　　D. 2

9. 车削精度较高、批量较大的偏心工件时，可以在（　　）卡盘上车削。

A. 四爪单动　　B. 三爪自定心　　C. 双重　　D. 偏心

10. 偏心距大且较复杂的偏心轴，可用（　　）来装夹工件。

A. 两顶尖　　B. 偏心套

C. 两顶尖和偏心套　　D. 偏心卡盘或专用夹具

11. 用偏心卡盘装夹车削偏心工件比用四爪单动卡盘的精度（　　）。

A. 高　　B. 低　　C. 一样

12. 用百分表检测偏心距，将百分表测量杆触头与工件基准外圆接触，使卡盘缓慢转过一圈，百分表指示的最大值与最小值差的（　　），即为偏心距 e。

A. 1 倍　　B. 1/2　　C. 2 倍

13. 无中心孔或长度较短、偏心距 e<（　　）mm 的偏心工件，可在 V 形架上检测偏心距。

A. 5　　B. 8　　C. 3　　D. 10

14. 偏心距较大（$e \geqslant 5$ mm）的工件因为受到百分表测量范围的限制，或无中心孔的偏心工件，可（　　）测量偏心距。

A. 用游标卡尺　　B. 用百分表

C. 在 V 形架上　　D. 在 V 形架上间接

15. 在 V 形架上间接测量偏心距时，先将 V 形架置于测量平板上，工件放在 V 形架中，转动工件，用百分表找出偏心圆柱的（　　），将工件固定，再把可调量规平面调整到与偏心圆柱（　　）等高。

A. 最高点　　B. 最低点　　C. 中心点

四、名词解释

1. 偏心工件

2．偏心轴

3．偏心套

4．偏心距

五、简答题

1．车削偏心工件的基本原理是什么？

2．车削偏心工件的方法有哪些？

3．简述划偏心工件偏心线的步骤。

4．简述按划线找正偏心工件偏心圆的步骤。

5．简述在两顶尖间测量偏心套偏心距的步骤。

六、计算题

1．在三爪自定心卡盘上车削偏心距 e=2.5 mm 的偏心轴，求进行试车削的垫片厚度 x。

2．在三爪自定心卡盘上车削偏心距 e=4 mm 的工件，经试车削测得其偏心距为 3.96 mm，求垫片厚度 x。

3．车削偏心距 e=3 mm 的工件，用近似公式计算垫片厚度 x。试车削后，检查实际偏心距为 3.07 mm，则偏心距误差 Δe 和垫片厚度的正确值 x 应为多少？

4．在一 V 形架上测量某一偏心轴的偏心距 e，已知基准轴直径 D=80.2 mm，偏心轴直径 d=60.1 mm，测量出偏心轴外圆到基准轴外圆之间的距离 a=3 mm。计算该偏心轴的偏心距 e。

七、应用题

车削图 8-1 所示的偏心轴，毛坯尺寸为 ϕ85 mm × 305 mm。

（1）进行工艺分析。

（2）写出车削工艺步骤。

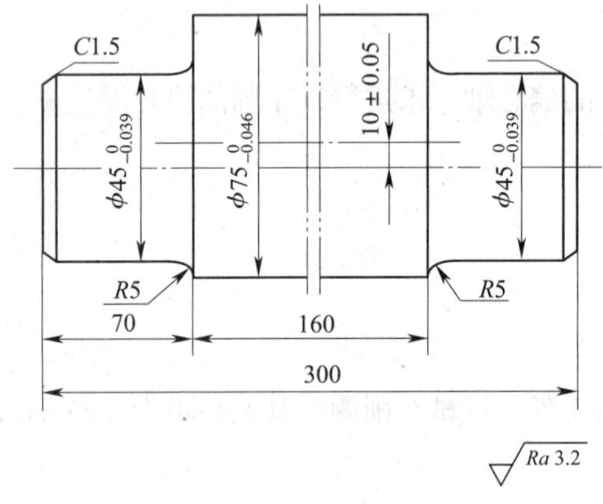

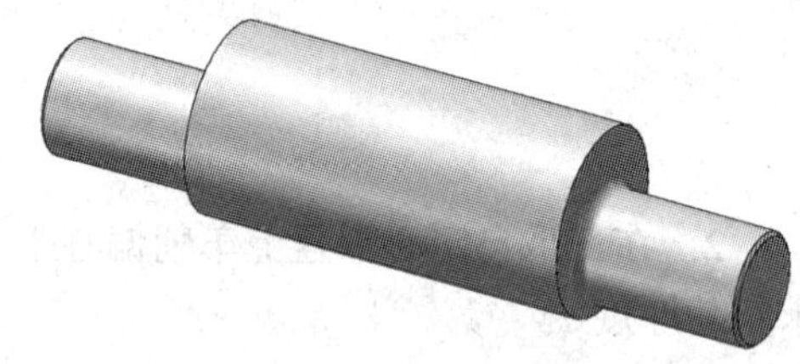

图 8-1

课题二　车细长轴

一、填空题（将正确答案填在横线上）

1. 细长轴外形并不复杂，但由于它本身的刚度低，车削时又受________力、________力、________等因素的影响，容易引起________及________，发生弯曲，以及产生________误差等缺陷，难以保证加工精度。

2. 跟刀架主要在车削________和________时使用。

3. 在工件的已加工表面上，调整跟刀架支撑爪与车刀的相对支撑位置，一般是让支撑爪位于车刀的________，两者轴向距离应小于________ mm 左右。

4. 用________顶尖加工细长轴，可有效地补偿工件的热变形伸长，工件不易弯曲，车削可顺利进行。

5. 当工件很长或直径大于主轴孔径无法穿入主轴孔时，可利用________和________，采用一端夹持、一端由________支撑的方式装夹来车端面和钻中心孔。

6. 支撑爪与工件的接触压力要调整适当，如果压力过大，会把工件车成________。

7. 车削时，支撑爪与工件接触处应经常加________。为了使支撑爪与工件保持良好的接触，也可以在支撑爪与工件之间加一层________或________，进行研磨抱合。

二、判断题（正确的打“√”，错误的打“×”）

1. 细长轴的长径比越小，加工就越困难。（　）

2. 调整中心架支撑爪时，必须先通过调整螺钉调整中心架上面的一个支撑爪，再调整下面两个支撑爪。（　）

3. 过渡套筒的内孔比被加工工件外径大 20 mm 左右，内径的圆度误差应在 0.02 mm 以内。（　）

4. 跟刀架是车床附件的一种，使用时直接支撑在细长轴中间，抵消背向力，增加工件的刚度。（　）

5. 车细长轴时用三个爪的跟刀架比两个爪的跟刀架效果好。（　）

6. 跟刀架支撑爪与工件的接触压力应调整适当，否则工件在尾座端由后顶尖支撑，刚开始车削时，会使工件产生竹节形的形状误差。（　）

7. 车削细长轴时，应使用冷却性能较好的乳化液进行充分冷却。（　）

8. 用硬质合金车刀高速车削细长轴时，不用加注充分的切削液。（　）

9. 车细长轴时应使用主偏角小的车刀。（　）

10. 毛坯校直后还应进行时效处理，以消除内应力。（　）

11. 使用中心架和跟刀架时，尾座套筒伸出部分应尽可能短些，后顶尖的顶紧力要适当。（　）

12. 为防止车细长轴时产生锥度，车削前必须调整尾座中心，使之与车床主轴轴线

同轴。 (　　)

13．细长轴刚度低，粗车时第一次的背吃刀量应较小，以防细长轴弯曲。 (　　)

14．车削细长轴时，应注意工件已加工表面的变化情况，若产生竹节形、腰鼓形等缺陷时，可以继续车削，一般能自动消除。 (　　)

三、选择题（将正确答案的代号填在括号内）

1．车细长轴时，工件受（　　）的作用，会产生弯曲和振动。

A．切削力和离心力　　B．切削力和摩擦力

C．摩擦力和自重力　　D．自重力和切削力

2．滚动轴承中心架比支撑爪中心架的同轴度（　　）。

A．稍差　　B．好　　C．相同

3．当中心架的架体通过压板支撑在工件中间时，细长轴的 L/d 值减小了一半，车削时工件的刚度可增加（　　）倍。

A．0.5　　B．1　　C．许多

4．当被车削的细长轴中间无沟槽或安置中心架处有键槽或花键等不规则表面时，不可采用（　　）支撑车细长轴的方法。

A．一端用卡盘夹紧，一端用中心架　　B．用过渡套筒

C．中心架直接在细长轴中间

5．车细长轴时，车刀的主偏角应取（　　）。

A．30°～40°　　B．40°～60°　　C．60°～75°　　D．80°～93°

6．车细长轴时，车刀刀尖圆弧半径应小于（　　）mm。

A．0.3　　B．0.8　　C．1.2　　D．1.5

7．车细长轴时，车刀前角宜取（　　）。

A．−5°～−10°　　B．2°～10°　　C．10°～15°　　D．15°～30°

8．车细长轴时，车刀的倒棱宽度宜取（　　）。

A．$0.2f$　　B．$0.3f$　　C．$0.5f$　　D．$0.6f$

9．车细长轴时，车刀的刃倾角宜取（　　）。

A．−5°～0°　　B．0°～1°　　C．2°～4°　　D．10°～30°

10．车削细长轴时，应使用（　　）性能较好的乳化液。

A．润滑　　B．冷却　　C．清洗　　D．防锈

11．（　　）切削细长轴时，要加注充分的切削液。

A．低速　　B．中速　　C．高速　　D．强力

12．校直后的细长轴毛坯，其直线度误差应小于（　　）mm。

A．1　　B．0.1

C．0.5　　D．2

E．1.5

四、名词解释

1．细长轴

2．热变形

五、简答题

1．中心架主要用于什么场合?

2．车细长轴有哪些关键技术问题?

3．车细长轴时使用中心架的方法有哪些?

4．简述用百分表找正尾座中心位置的方法。

5．减少工件的热变形伸长可采取的措施有哪些？

6．车细长轴时，如何选择车刀的几何参数？

7．使用浮动夹紧和反向进给车细长轴有什么好处？

六、计算题

1．车削直径为 30 mm、长度为 2 000 mm 的细长轴，材料为 45 钢，车削中工件温度由 20 ℃上升到 40 ℃，求这根轴的热变形伸长量。（45 钢的线膨胀系数 $\alpha_L=11.59\times10^{-6}/℃$）

2．车削直径为 30 mm、长度为 1 400 mm 的细长轴，材料为 45 钢，车削中工件温度由 18 ℃上升到 58 ℃，求这根轴的热变形伸长量。（45 钢的线膨胀系数 $\alpha_L=11.59\times10^{-6}$/℃）

3．车削直径为 20 mm、长度为 1 600 mm 的细长轴，材料为 40Cr，车削中工件温度由 25 ℃上升到 65 ℃，求这根轴的热变形伸长量。（40Cr 的线膨胀系数 $\alpha_L=11.0\times10^{-6}$/℃）

4．被车削的工件长度 L=1 170 mm，材料为 45 钢，其线膨胀系数 $\alpha_L=11.59\times10^{-6}$/℃，热变形伸长量为 0.587 mm。求车削中工件升高的温度 Δt。

七、应用题

车削图 8–2 所示的细长轴，毛坯尺寸为 $\phi40$ mm × 1 004 mm。

（1）进行工艺分析。

（2）写出车削工艺步骤。

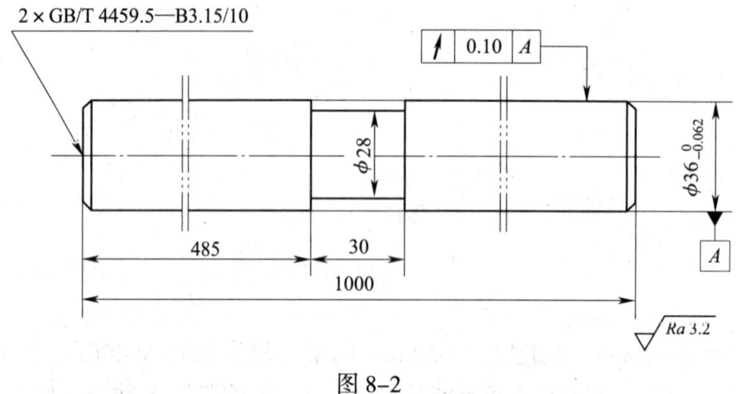

图 8–2

课题三　车单拐曲轴

一、填空题（将正确答案填在横线上）

1. 曲轴实质上就是形状比较复杂的________。

2. 曲轴是一种________工件，广泛地应用于压力机、压缩机和内燃机等机械中。曲轴的结构主要由________、________、________以及________等组成。

3. 根据曲轴曲柄颈（也称连杆轴颈）的多少，曲轴有________、________、________、________和________等多种结构形式。根据曲柄颈数（拐数）的不同，曲柄颈可以互成________、________、________等夹角。简单曲轴包括________曲轴和________曲轴。

4. 车削曲轴时，主要粗加工和半精加工________和________，精加工则通常采用磨削的方法加工。

5. 曲轴的中间凹槽处可用螺钉、螺母支撑住，但支撑力量要________，既要防止________，又要防止甩出伤人。

6. 加工曲轴的工艺过程中，通常安排有________热处理工序，经________后的中心孔，应经仔细________后，才能进行后续车削工作。

二、判断题（正确的打“√”，错误的打“×”）

1. 曲轴的毛坯一般由锻造得到，也有采用球墨铸铁铸造而成的。（　　）

2. 曲轴结构复杂，不仅细长，还有多个曲柄颈，刚度较低，而且曲柄颈和主轴颈的尺寸精度、形状精度要求较高，彼此间的位置精度要求也很高，因此，加工曲轴的原理与加工偏心轴、偏心套不同。（　　）

3. 曲轴的加工难度较大，工艺过程较复杂。（　　）

4. 曲轴两端的主轴颈尺寸一般较小，要在轴端直接钻出曲柄颈中心孔。（　　）

5. 加工曲轴时顶尖受力不均匀，前顶尖容易损坏或移位，因此必须经常检查。（　　）

6. 车削偏心距较大的曲轴，应进行找正平衡。（　　）

7. 曲轴就是多拐偏心轴，由于工件刚度不足，故用一夹一顶装夹精车。（　　）

三、选择题（将正确答案的代号填在括号内）

1. 两拐曲轴有两个曲柄颈，互成（　　），通常要求两曲柄颈的轴线与主轴颈轴线平行。

A. 180°　　B. 90°　　C. 120°　　D. 360°

2. 单拐曲轴的车削与较长偏心轴的车削方法基本相同，采用（　　）装夹的车削方法。

A. 三爪自定心卡盘　　B. 四爪单动卡盘

C. 两顶尖　　D. 专用偏心夹具

3．启动车床时，车刀尖应离开工件足够的距离，绝对不能开动主轴（　　）速。

A．低　　B．中　　C．高

四、简答题

1．车削曲轴时，工艺轴颈的作用有哪些？工艺轴颈最后如何处理？

2．车削曲轴时，增加曲轴刚度的措施有哪些？

课题四　车薄壁工件

一、填空题（将正确答案填在横线上）

1．三爪自定心卡盘夹紧薄壁工件后，工件会略微变成________形，但车孔后得到的是一个________孔。当松开卡爪，外圆恢复成圆柱形，而内孔则变成________形。这种变形称为________变形。

2．增加装夹接触面积以减少薄壁工件变形的方法有应用________或用特制的________。

3．精车薄壁工件时，车刀的修光刃不能过长，一般取________ mm。

4．精车薄壁工件时，应选用________的主偏角，适当________副偏角。

5．切削用量中________对切削力的影响最大，________对切削热的影响最为显著，因此，车削薄壁工件时应减少________，________进给次数，并适当________进给量。

二、判断题（正确的打“√”，错误的打“×”）

1．振动变形主要影响工件的表面粗糙度及尺寸精度。（　　）

2．车削薄壁套类工件时，应尽量使用径向夹紧，而不使用轴向夹紧的方法。（　　）

3．车削尺寸较短小的薄壁工件，可在一次装夹中完成全部加工内容。（　　）

4．应充分浇注切削液，以降低切削温度，减少薄壁工件热变形。（　　）

三、选择题（将正确答案的代号填在括号内）

1．薄壁工件由于刚度低，主要在（　　）的作用下容易产生振动而引起工件变形。

A．背向力　　　B．进给力　　　C．主切削力　　　D．水平分力

2．对于长度和直径均较小的薄壁工件，在结构尺寸不大的情况下，可采用（　　）的方法进行加工。

A．增加装夹接触面积　　　B．轴向夹紧夹具

C．一次装夹车削　　　D．增加工艺肋

3．车削薄壁工件，一般按照（　　）速、（　　）吃刀和（　　）进给的原则来选择切削用量。

A．大　　　B．小

C．中　　　D．快

E．慢

四、简答题

1．薄壁工件的变形表现在哪几个方面?

2．减少和防止薄壁工件变形的方法有哪些?

3．车薄壁工件采用的减振措施有哪些?

五、应用题

车削图 8–3 所示的薄壁套，毛坯尺寸为 ϕ45 mm × 80 mm，数量为 2 件。

（1）进行工艺分析。

（2）写出车削工艺步骤。

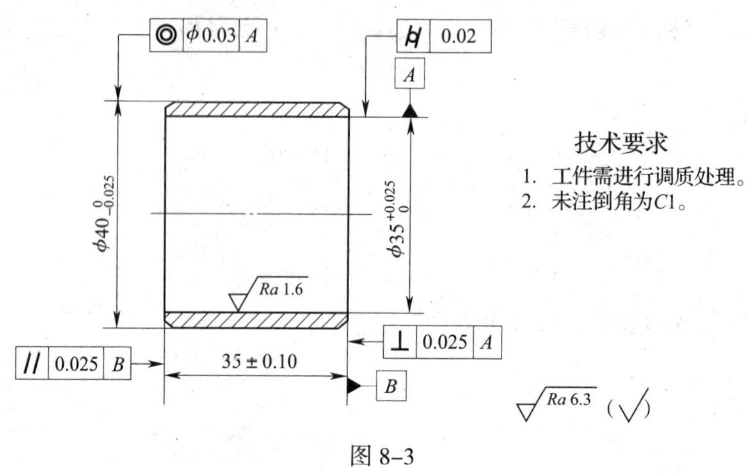

图 8–3

课题五　在四爪单动卡盘上车对称工件

一、填空题（将正确答案填在横线上）

1. 在四爪单动卡盘上车削复杂工件的关键是________、________工件。

2. 在四爪单动卡盘上装夹工件时，由于断续切削因而产生较大的冲击和振动，易使工件发生________，因此在精车前应对工件的________精度进行复检。

二、判断题（正确的打“√”，错误的打“×”）

1. 在四爪单动卡盘上找正工件，以待加工圆柱面事先划好的找正圆和相应已加工平面

或侧素线作为参考标准，先找正平面或侧素线，然后找正待加工圆柱面的轴线。（ ）

2．在四爪单动卡盘上装夹工件时，夹紧处应垫铜皮，以免把已加工表面夹伤。（ ）

3．保证对称工件两轴线的对称度，关键是使外圆轴线离开通过车床主轴轴线的剖切平面。（ ）

三、选择题（将正确答案的代号填在括号内）

1．在四爪单动卡盘上找正工件的目的是使工件被加工表面的回转中心与车床主轴的回转中心（ ）。

A．平行　　B．垂直　　C．重合　　D．偏离

2．适用于用四爪单动卡盘装夹的工件类型有（ ）的偏心工件。

A．数量少、偏心距不大、长度较短

B．数量少、偏心距大、长度较长

C．数量多、偏心距不大、长度较短

D．数量多、偏心距不大、长度较长

四、简答题

1．四爪单动卡盘有哪些特点？

2．适于用四爪单动卡盘装夹、车削的工件类型有哪些？

3．简述在四爪单动卡盘上找正工件轴线的对称度的步骤。

课题六　在花盘上车双孔连杆

一、填空题（将正确答案填在横线上）

1. 对于数量较少的复杂工件，用三爪自定心卡盘和四爪单动卡盘无法或不方便装夹，通常需要用相应的______、___________等车床附件来装夹。

2. ________是材质为铸铁的大圆盘，盘面上有很多长短不同呈辐射状分布的通槽。

3. 花盘可以直接安装在车床主轴上，其盘面必须与主轴轴线________，盘面平整，表面粗糙度 Ra 值为________ μm。

4. ________是用铸铁制成的车床附件，通常有两个互相垂直的工作表面。

5. 弯板上有长短不同的________，用来让连接螺钉通过。

6. 弯板通常与________一起配合使用。

7. 弯板的两个工作表面（基准平面和工作平面）必须经过磨削或精刮研，以达到较好的____________________________。

8. V 形架的工作面是一条 V 形槽，一般做成______或______的两种夹角。压板可根据需要做成______、______的两种。

9. 花盘的精度直接影响工件的__________，故加工工件前必须对花盘的精度进行检测，要求花盘本身的几何误差小于工件相关公差的__________。

10. 双孔连杆为铸造或锻造毛坯，外形周边不加工，需要加工的表面为前后________，上下________。

11. 在花盘上车削工件时主轴转速不宜________，切削用量不宜选择________。

12. 双孔连杆主要的检测内容包括：________误差检测、________的检测以及________误差的检测。

二、判断题（正确的打“√”，错误的打“×”）

1. 如果花盘的轴向圆跳动和平面度不合格，应选用耐磨性较好的代号为 K10 的硬质合金车刀将花盘盘面精车一刀，车削时必须把床鞍的紧定螺钉紧固。（　　）

2. 当计算的双孔连杆的中心距 L 与图样要求中心距不符时，应用铜锤轻轻敲击定位圆柱，调整两孔的实际中心距，反复调整，直到符合图样要求。（　　）

3. 在花盘上车削双孔连杆时，工件装夹的关键是保证两孔的中心距公差，应多测几次，取其平均值。（　　）

4. 在花盘上加工工件，为了使复杂工件获得较好的表面质量，转速可以选得较高。（　　）

5. 车内孔前，一定要认真检查花盘上所有压板、螺钉的紧固情况，最好再逐个拧紧一次。（　　）

6. 将床鞍移动到车削工件的最终位置，用手转动花盘，检查工件、附件是否与小滑板

前端及刀架相碰，以免发生事故。 （ ）

7．检测双孔连杆平行度误差时，取2次平行度误差f值的平均值，即为平行度误差。 （ ）

三、选择题（将正确答案的代号填在括号内）

1．花盘可以直接安装在车床主轴上，其盘面必须与主轴轴线（ ）。

A．垂直 B．平行

C．倾斜 D．以上都可以

2．（ ）可以用铸铁或钢制成；为了减少体积，也可用密度较大的铅做成。

A．花盘 B．弯板 C．平垫铁 D．平衡铁

3．在花盘上车削双孔连杆时压板、螺钉应（ ）工件安装，垫块的高度应与工件厚度（ ）。

A．靠近 B．远离 C．一致 D．不等

4．检测双孔连杆平行度误差时，必须将工件连同测量心轴一起转过（ ），重复测量与计算一次。

A．180° B．90°

C．360° D．270°

四、简答题

1．常用的车床附件有哪些？

2．叙述花盘盘面精度的检测步骤。

五、应用题

加工图 8-4 所示双孔连杆。该零件毛坯为铸件，材料为球墨铸铁，牌号为 QT600-3，数量为 20 件。

（1）进行工艺分析。

（2）拟定加工工艺路线。

（3）设计并加工出校正中心距用的定位套。

（4）写出操作步骤。

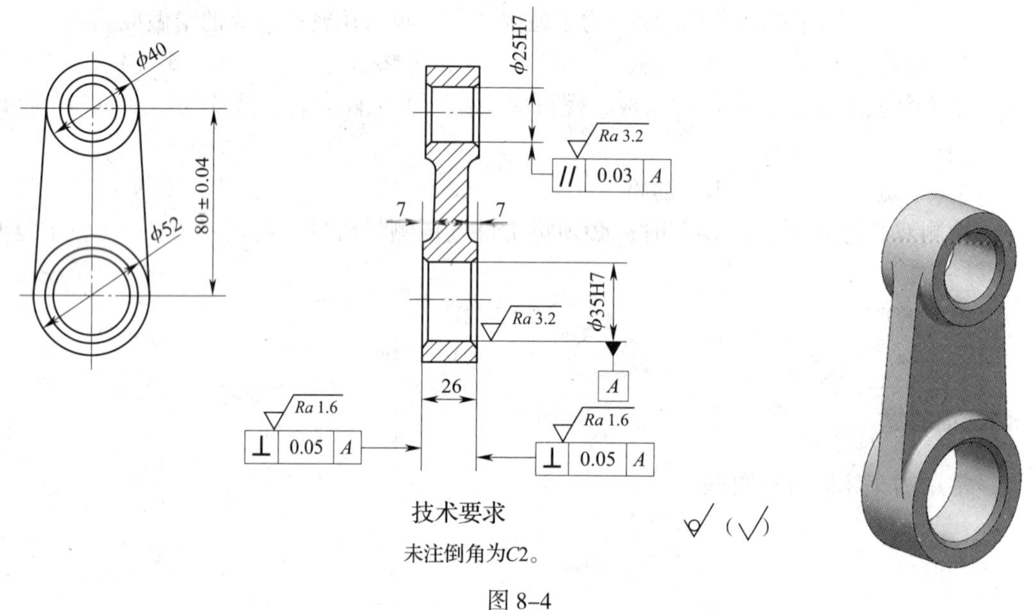

图 8-4

第九单元　车　床

课题一　机床型号及卧式车床的技术参数

一、填空题（将正确答案填在横线上）

1．金属切削机床简称________，是机械制造业的主要加工设备，其中________是机械制造中使用最广泛的一类机床。近年来________车床的应用越来越广泛。

2．机床的特性代号包括________特性代号和________特性代号，它们位于________代号之后。

3．机床的主参数代表机床________的大小，常用________表示，位于________代号之后。

4．CA6140 型车床床身上工件最大回转直径 D=________ mm，刀架上工件最大回转直径 D_1=________ mm。

5．CA6140 型车床主运动的传动链可以使主轴获得________级正转转速（10 ~ 1 400 r/min）和________级反转转速（14 ~ 1 580 r/min）。

6．CA6140 型车床床身上工件最大回转直径 D=______ mm，刀架上工件最大回转直径 D_1=______ mm。

二、判断题（正确的打“√”，错误的打“×”）

1．机床结构特性代号仅有 A、D、E、L、N、P、T、U、V、W、Y 等 11 个字母。（　　）

2．机床类代号 X 表示数显机床。（　　）

3．常用车床主参数的折算系数有 1、1/10、1/100 三种。（　　）

4．多轴自动车床的主参数是指床身上最大工件回转直径。（　　）

5．机床的通用代号可将两个字母组合起来使用，如 AD、AE、DA、EA 等。（　　）

6．CA6140 型车床的主轴前端锥孔为莫氏 4 号。（　　）

7．CA6140 型车床的主轴中心高是指主轴中心至床身平面导轨距离，其值 H=205 mm。（　　）

三、选择题（将正确答案的代号填在括号内）

1．按照机床的工作原理、结构性能及使用范围，一般可将其分为（　　）类。

A．4　　B．10　　C．11　　D．12

2．机床型号 CM6136 中的 M 表示（　　）车床。

A．简易　　B．精密

C．带磨头　　D．模数螺纹

3．机床型号 CQ6132 中的 Q 表示（　　）车床。

A．其他　　B．高精度

C．轻型　　D．球状工件

4．通用特性代号已用的字母和（　　）两个字母不能作为结构特性代号。

A．A、D　　B．I、O　　C．E、F

5．机床型号 C5250 中的 52 表示（　　）车床。

A．万能曲轴　　B．双柱立式

C．单柱立式　　D．单轴自动

6．不用大写的汉语拼音字母表示的是（　　）代号。

A．类　　B．特性

C．组、系　　D．重大改进顺序

7．卧式车床的主参数是指（　　）直径。

A．最大棒料　　B．最大车削

C．床身上最大工件回转　　D．最大工件

8．机床型号 C5250 中的 50 表示（　　）为 500 mm。

A．中心高　　B．最大车削直径

C．床身上最大工件回转直径　　D．最大棒料直径

9．机床型号 C2140×4 中的“4”表示（　　）。

A．有 4 个主轴　　B．纵向行程 4 m

C．床身长 4 m　　D．第 4 次重大改进

10．CA6140 型车床主轴前端锥孔是莫氏（　　）号。

A．3　　B．4　　C．5　　D．6

11．CA6140 型车床主轴正转级数为（　　）级。

A．6　　B．8　　C．12　　D．24

12．CA6140 型车床主轴内孔直径为（　　）mm。

A．38　　B．42

C．52　　D．58

13．CA6140 型车床主轴正转速度范围为（　　）r/min。

A．12 ~ 1 200　　B．10 ~ 1 400

C．40 ~ 800　　D．14 ~ 1 580

14．CA6140 型车床纵向快速移动速度为（　　）m/min。

A．2　　B．4

C．8　　D．12

15．CA6140 型车床主电动机功率为（　　）kW。

A．2.4　　B．3.6

C．7.5　　D．9

四、简答题

1．解释下列机床型号的含义。

（1）CQ6132

（2）C5250

（3）CM6140A

2．机床型号能表示哪些内容？其中的特性代号包括哪些部分？

课题二　卧式车床主要部件的调整

一、填空题（将正确答案填在横线上）

1．车床主轴箱内的双向多片式离合器具有_____、_____两组摩擦片，每一组由若干厚度为____ mm 的内、外摩擦片相间排列。

2．调整后的双向多片式摩擦离合器应操作自如，不得有______或______现象，启动______、无异常______。

3．CA6140 型车床采用的制动装置是________制动器，它由_________、___________和杠杆等组成。

4．制动装置在调整合适的情况下，当主轴旋转时，制动带能完全________。

5．制动带调整后的检验方法：将车床主轴转速调整至_______ r/min，停车时能在____ r 内制动，说明制动带的松紧调整合适。

6．开合螺母机构的上下两个半螺母装在________后壁的燕尾形导轨中，可________移动。

7．开合螺母机构间隙调整后的检验：将车床主轴转速调整至_________ r/min，______时针和______时针扳动手柄，应操纵_________，不得有_________或_________现象，无异常______。溜板箱移动时，应______和______。

8．当出现操纵手柄空行程太大等缺陷时，会影响工件的加工精度和表面质量，需要调整中滑板______________的间隙或更换新的_____________。

9．由于三爪自定心卡盘是通过________与车床主轴连为一体的，所以______与车床主轴、三爪自定心卡盘之间的同轴度要求很高。

10．CA6140 型车床主轴前端为______法兰盘结构，用以安装______。连接盘由主轴上的__________定位。安装前，要根据主轴________和卡盘后端的台阶孔径配制连接盘。

二、判断题（正确的打“√”，错误的打“×”）

1．多片式摩擦离合器的内外摩擦片在松开状态时的间隙要适当。（　　）

2．多片式摩擦离合器内外摩擦片间的间隙要小些，以传递较大的车床功率。（　　）

3．多片式摩擦离合器均由若干个内外摩擦片交叠组成。（　　）

4．车床主轴箱内的双向多片式离合器，是利用摩擦片在相互压紧时接触面之间产生的摩擦力传递运动和转矩。（　　）

5．车床上的制动轮是一个钢制圆盘。制动带为一钢带，其外侧固定着一层铜丝石棉，以增加摩擦因数。（　　）

6．制动装置的功用是在车床停车的过程中，克服主轴箱内各运动件的旋转惯性，使主轴迅速停止转动。（　　）

7．制动的目的是缩短操作者的辅助时间。（　　）

8．用内六方扳手逆时针旋转调节螺钉，是拉紧制动带；顺时针旋转调节螺钉，是松动制动带。（　　）

9．拉紧制动带时，应同时检查在操纵手柄扳到开车位置时制动带是否完全松开，否则应稍微放松些。（　　）

10．调整制动带时，要防止制动带产生歪扭现象。（　　）

11．开合螺母机构的功用是接通和断开从丝杠传来的运动。车削螺纹和蜗杆时，将开合螺母合上，丝杠通过开合螺母带动进给箱及刀架运动。（　　）

12．为了调整中滑板导轨磨损后的间隙，可通过导轨间带斜度的楔铁来调整。（　　）

三、选择题（将正确答案的代号填在括号内）

1．多片式摩擦离合器的图形符号是（　　）。

A． 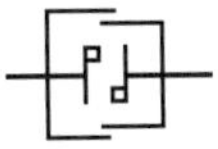　　B．

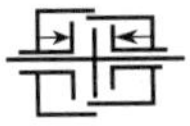

C． 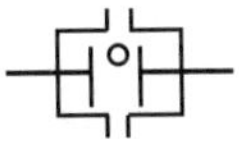　　D．

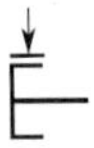

2．（　　）的功能是在车床停车的过程中，克服主轴箱内各运动件的旋转惯性，使主轴迅速停止转动，以缩短辅助时间。

A．摩擦式离合器　　B．制动装置

C．安全离合器　　D．超越离合器

3．车床中滑板丝杠与螺母间隙调整后，要求丝杠手柄正反转空行程应在（　　）转以内。

A．1/2　　B．1/5

C．1/10　　D．1/20

四、简答题

1．为什么要把车床多片式摩擦离合器内外摩擦片间的间隙调整适当？

2．制动装置的功能是什么？

3．就教材中闸带式制动器的结构图，简述制动带的调整方法。

4．开合螺母机构的功用是什么？

5．就教材中开合螺母机构的结构图，简述该机构的调整方法。

6．就教材中中滑板丝杠与螺母的结构图，简述丝杠与螺母间隙的调整方法。

7．简述中滑板刻度盘松紧的调整步骤。

8．简述拆卸和安装三爪自定心卡盘的操作步骤。

课题三　卧式车床精度对加工质量的影响

一、填空题（将正确答案填在横线上）

1．卧式车床的精度主要分为________精度和________精度两种。

2．主轴滚动轴承的温度超过了 70℃，温升超过了 40℃的原因之一是主轴长时间______工作。

二、判断题（正确的打“√”，错误的打“×”）

1．车床的几何精度是保证加工质量最基本的条件。（　　）

2．车床前后顶尖的等高度超差，在钻、扩、铰孔时，工件孔径会扩大或产生喇叭形。（　　）

三、选择题（将正确答案的代号填在括号内）

1．在车床上加工工件时，影响加工质量的关键因素是（　　）。

A．车床本身的精度　　B．工件的装夹方法

C．车刀的几何参数　　D．切削用量

2．精车后工件轴向圆跳动超差与机床有关的因素是主轴（　　）超差。

A．前后轴承间隙　　　　　　　　B．轴颈的圆度

C．轴向窜动量　　　　　　　　　D．轴线对床鞍移动的平行度

3．主轴箱内的多片摩擦离合器中的摩擦片间隙过小，造成停车后摩擦片未完全脱开产生的故障是（　　）。

A．卡盘圆跳动大　　　　　　　　B．闷车

C．强力车削时机动进给停止　　　D．刹车不灵

四、名词解释

1．卧式车床的几何精度

2．卧式车床的工作精度

五、简答题

1．卧式车床工作精度要求的项目有哪些？

2．车削圆柱形工件时产生锥度，与机床有关的因素有哪些？

3．车削外圆时，工件素线的直线度超差的原因是什么？

4. 精车后工件端面平面度超差的原因是什么？

5. 精车外圆时表面上轴向出现有规律的波纹，与机床有关的因素有哪些？

6. 车床主轴温度过高的原因是什么？

课题四　卧式车床的一级保养

一、填空题（将正确答案填在横线上）

1. 通常当车床运行______h 后，需进行一级保养。
2. 保养工作以______为主，在______的配合下进行。保养时，必须先切断________。

二、简答题

1. 车床一级保养时刀架部分的保养内容及要求是什么？

2．简述车床一级保养时的注意事项。

课题五　其他常用车床

一、填空题（将正确答案填在横线上）

1．立式车床有_________和_________两种。

2．在立式车床上的工件找正是使工件中心与___________中心相重合。

3．在立式车床上车削圆锥时，主要是依靠_________来找正垂直刀架转动角度的误差，通常能保证角度误差在_______之内。

4．立式车床在结构布局上的主要特点是主轴_________布局。

5．回轮、转塔车床是在_______车床的基础上发展起来的一种车床，它没有_______和_______，而是在尾座的位置上有一个可以_______移动的多工位_______，其上可装夹多把刀具。

6．回轮车床上没有___刀架，只有一个可绕水平轴线转位的圆盘形_______刀架，其回转轴线与主轴轴线_______。

7．_______型数控车床适宜加工形状复杂、工序多、精度高、品种多变的单件或中小批量工件。

8．数控车床由_________、___________、_________、_________及_________等部分组成。

二、判断题（正确的打“√”，错误的打“×”）

1．单柱立式车床加工直径一般小于 1 600 mm，双柱立式车床加工直径超过 2 500 mm。（　　）

2．立式车床的主轴竖直布置，一个直径很大的圆形工作台呈竖直布置，供装夹工件用。（　　）

3．在立式车床上找正工件时，应先将工件外圆找正。（　　）

4. 在立式车床上车削圆锥时，车刀刀尖中心与工作台旋转轴线不重合，不会使所车的圆锥面母线不平直。（　　）

5. 回轮、转塔车床在成批生产中，特别是在加工形状简单的工件时，生产效率比卧式车床高。（　　）

6. 转塔车床不能车螺纹。（　　）

7. 转塔车床的前刀架和转塔刀架与卧式车床的刀架类似，既可作纵向进给，也可作横向进给。（　　）

8. 自动车床必须由操作者卸下加工完毕的工件，装上待加工的毛坯件，重新启动车床才能开始一个新的工作循环。（　　）

9. 数控车床是当今国内外使用量最大、覆盖面最广的一种数控机床，主要用于旋转体工件的加工。（　　）

三、选择题（将正确答案的代号填在括号内）

1. 转塔车床共有（　　）个溜板箱。

A. 1　　B. 2　　C. 3　　D. 4

2. 单轴转塔自动车床床身的右上方装有可作纵向进给运动的（　　）刀架，用于完成车外圆、钻孔、扩孔、铰孔、攻螺纹和套螺纹等工作。

A. 前　　B. 转塔　　C. 上　　D. 后

3.（　　）车床具有较高的生产率，可用于成批大量生产阶梯轴及盘、轮类工件。

A. 转塔　　B. 回轮　　C. 多刀　　D. 数控

4. 数控车床的核心是（　　），几乎所有的控制功能都由它控制实现。

A. 输入装置　　B. 数控装置　　C. 伺服系统

D. 检测反馈装置　　E. 机床主体

四、名词解释

1. 自动车床

2. 半自动车床

3. 数控车床

五、简答题

1．立式车床加工工件的类型有哪些？

2．在立式车床上装夹工件的方法有哪些？适用于装夹什么工件？

3．在立式车床上车削工件时定位基准的选择原则是什么？

4．简述在立式车床上车削圆锥的方法。

5．数控车床有哪些优点？适合加工什么样的工件？

六、应用题

图 9–1 所示为大直径圆锥面工件，工件材料为热轧圆钢，材料牌号为 45 钢，数量为 15 件。试写出该工件在立式车床上的车削工艺步骤。

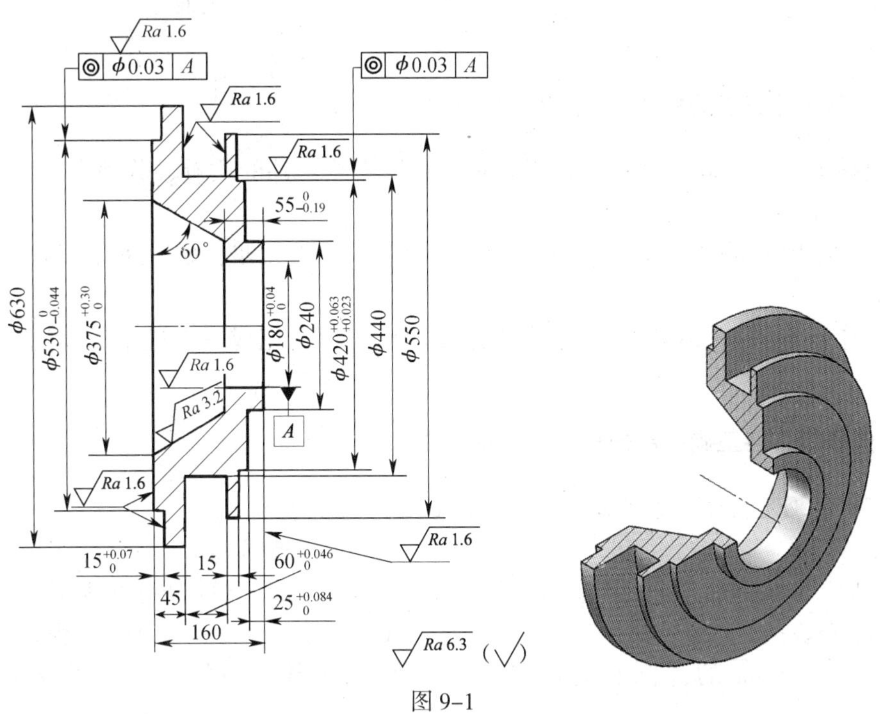

图 9–1

第十单元 典型工件的车削工艺分析

课题一 机械加工工艺过程的组成

一、填空题（将正确答案填在横线上）

1. 工艺规程包括____________卡片、________卡片和________卡片等。

2. 机械加工工艺过程是由一个或若干个按顺序排列的工序组成的，而工序又可分为________、________、____________和____________。毛坯依次通过这些____________就成为成品。

二、判断题（正确的打"√"，错误的打"×"）

1. 机械加工工艺规程制定得是否合理，直接影响工件的质量、劳动生产率和经济效益。（ ）

2. 工艺过程中同样的加工必须连续进行，才能算一个工步，如中间有中断，就作为两个工步。（ ）

3. 工作行程是指刀具以非加工进给速度相对工件所完成一次进给运动的工步部分。（ ）

三、选择题（将正确答案的代号填在括号内）

1. 在制定工艺规程时必须从（ ）出发。

A. 实际　　B. 理论　　C. 先进技术

2. 在加工表面和加工工具不变的情况下所连续完成的那一部分工序称为（ ）。

A. 安装　　B. 工位　　C. 工步　　D. 行程

3. 如将ϕ85 mm的外圆车至ϕ55 mm，分几次进给，则每一个进给运动就是一个（ ）。

A. 工序　　B. 工位　　C. 工步　　D. 工作行程

四、名词解释

1. 生产过程

2．工艺过程

3．工艺规程

4．工序

5．安装

6．工位

7．工步

8．工作行程

五、简答题

1．为什么要编制机械加工工艺规程?

2．机械加工工艺过程由哪几部分组成?

课题二　车削工件的基准和定位基准的选择

一、填空题（将正确答案填在横线上）

1. 基准可分为________基准和________基准两大类。工艺基准又分为________基准、________基准和________基准等几种。________基准有粗基准和精基准两种。

2. 某台阶轴的左台阶余量较小，右台阶余量较大，粗车时应先找正______台阶，再适当考虑______台阶的加工余量。

3. 工件的外圆长度较长，形状简单，要加工的内孔长度较短，形状复杂。在车削和磨削内孔时，应以_____作为精基准。

4. 除第一道工序以外，其余加工表面尽量采用同一个____基准。

二、判断题（正确的打"√"，错误的打"×"）

1. 以毛坯表面定位，这个定位表面就是粗基准。（　　）

2. 粗基准应选择最粗糙的表面。（　　）

3. 既是设计基准，又是定位基准、测量基准和装配基准，这就叫作基准统一。（　　）

4. 车削车床床鞍手轮时，应选择手轮外缘的加工表面作为粗基准，加工后就能保证轮缘厚度基本相等。（　　）

5. 加工中精基准应避免重复使用。（　　）

三、选择题（将正确答案的代号填在括号内）

1. 合理选择定位基准，对保证工件的（　　）和相互位置精度起决定性作用。
   A. 表面粗糙度　B. 尺寸精度　C. 平行度　D. 垂直度

2. 用两顶尖装夹车削和磨削机床主轴时，其（　　）是两端中心孔。
   A. 设计基准　B. 定位基准　C. 测量基准　D. 装配基准

3. 粗基准应选择（　　）的表面，以使工件定位准确、夹紧可靠。
   A. 粗糙　B. 平整、光滑　C. 余量最小　D. 复杂

4. 工件上有些表面需要加工，有些表面不需要加工，应选（　　）的表面作为粗基准。
   A. 任意　B. 不加工　C. 重要　D. 余量最小

5. 对所有表面都要加工的工件，应以（　　）的表面作为粗基准。
   A. 难加工　B. 余量最大　C. 余量最小　D. 平整、光滑

四、名词解释

1. 基准

2. 设计基准

3. 工艺基准

4. 定位基准

5. 定位基面

6. 测量基准

7. 粗基准

8. 基准重合

五、简答题

1. 选择粗基准时必须达到哪些基本要求?

2. 粗基准的选择原则是什么?

3．精基准的选择原则是什么？

六、应用题

1．分析图 10–1 和图 10–2 中工件的粗基准。

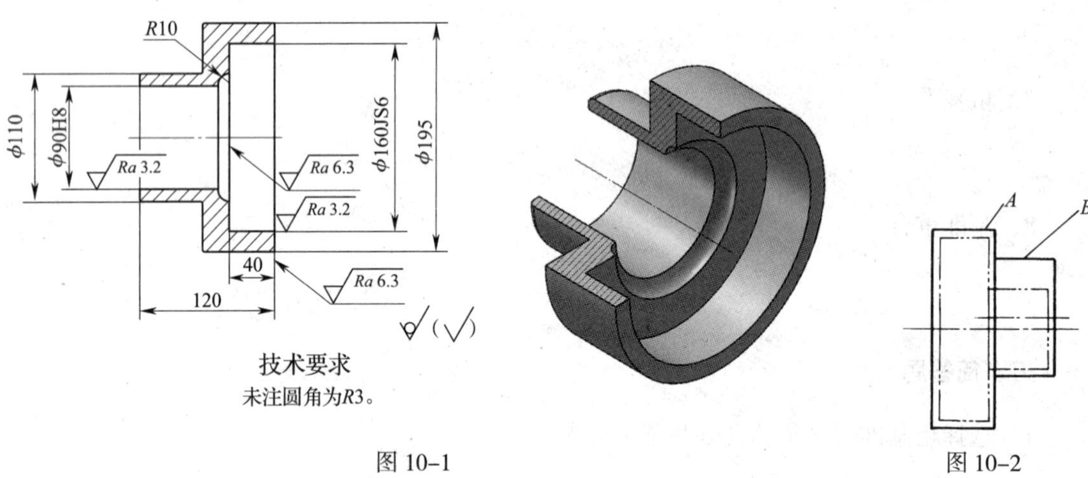

图 10–1

图 10–2

2．图 10–3 所示的齿轮在加工过程中的定位基准应如何选择？

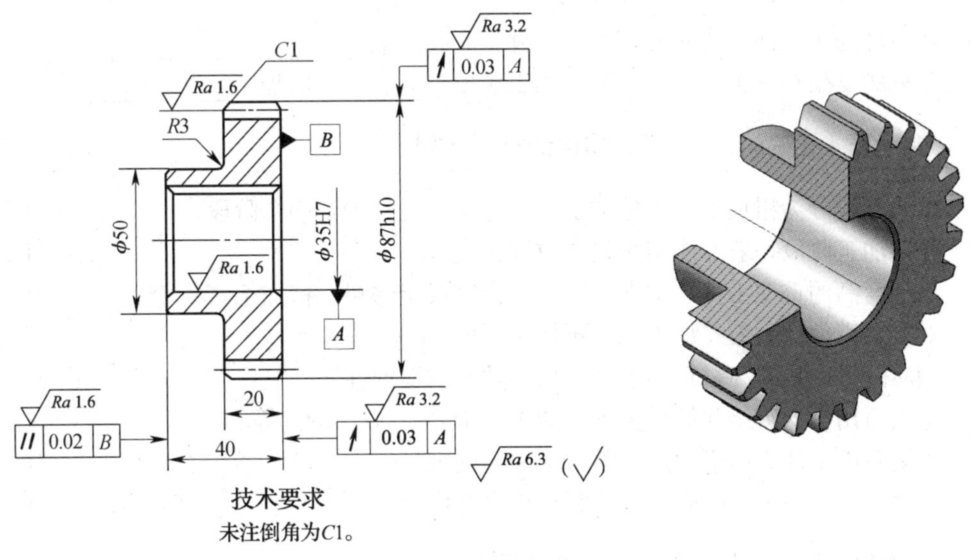

图 10–3

课题三　工艺路线的制订

一、填空题（将正确答案填在横线上）

1．粗加工阶段的主要目标是________________，精加工阶段的主要目标是全面保证______________。

2．工件各表面按照粗加工→________加工→________加工→________加工的顺序依次进行，逐步提高表面的加工精度和减小表面粗糙度值。

3．退火用于铸件或锻件毛坯，以改善其____________，在毛坯制造之后、__________之前进行。

4．要解决好数控工序与非数控工序之间的衔接问题，最好的办法是建立____________要求。

5. 一般主轴的加工工艺路线是下料→锻造→________→粗加工→________→半精加工→________→粗磨→__________→精磨。

6. 渗碳件为了保证中心孔的精度，工件中心孔一般________________。

7. 常见的支架箱体类工件，一般先加工主要________，后加工__________。

二、判断题（正确的打“√”，错误的打“×”）

1. 工艺路线分为粗加工、半精加工、精加工和光整加工四个阶段。（ ）

2. 光整加工阶段一般不能用来提高位置精度。（ ）

3. 对刚度高的重型工件，常在一次装夹中完成全部粗、精加工。（ ）

4. 对复杂工件，一般先加工孔，再加工平面。（ ）

5. 调质的目的是提高材料的硬度、耐磨性及耐腐蚀性。（ ）

6. 淬火适用于低碳钢和低合金钢，如 15、15Cr、20、20Cr 等。（ ）

7. 渗氮后的工件表面仍然需要淬火来提高硬度。（ ）

8. 辅助工序对保证产品质量无关紧要，可有可无。（ ）

三、选择题（将正确答案的代号填在括号内）

1. 加工轴类工件时，总是先加工中心孔，这是遵循（ ）原则。

A. 基面先行 B. 先粗后精 C. 先主后次 D. 先面后孔

2.（ ）后工件的综合力学性能良好，对某些硬度和耐磨性要求不高的工件，也可作为最终热处理。

A. 正火 B. 低温时效 C. 调质处理 D. 淬火

3. 下列选项中属于最终热处理的是（ ）。

A. 退火 B. 正火 C. 低温时效 D. 淬火

四、名词解释

1. 工序余量

2. 毛坯余量

五、简答题

1. 工艺过程划分为哪四个阶段？划分加工阶段的目的是什么？

2. 切削加工工序通常按什么原则安排顺序?

3. 工件的渗碳、调质处理和淬火工序的位置安排各是怎样的?

4. 一般主轴的加工工艺路线是怎样安排的?

5. 具有花键孔的双联齿轮的加工工艺路线一般应怎样安排?

课题四　轴类工件的车削工艺分析

一、图 10–4 所示为锥端轴，工件材料为热轧圆钢，材料牌号为 45 钢，毛坯尺寸为 ϕ42 mm × 110 mm，数量为 12 件，试制定其机械加工工艺卡。

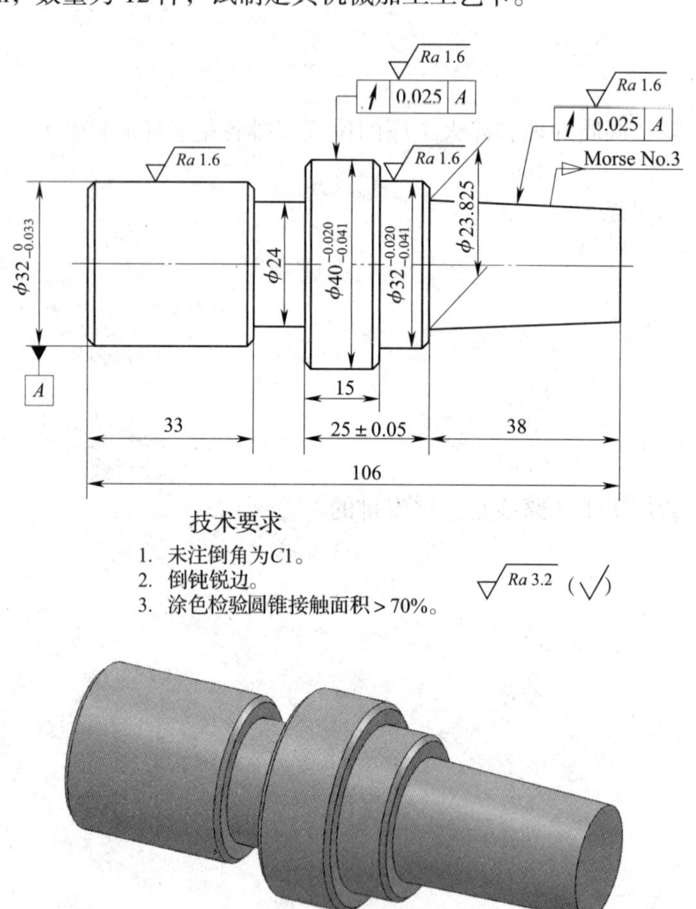

图 10–4

二、图 10–5 所示为拨块轴，工件材料为热轧圆钢，材料牌号为 45 钢，毛坯尺寸为 ϕ50 mm × 120 mm，数量为 5 件，试制定其机械加工工艺卡。

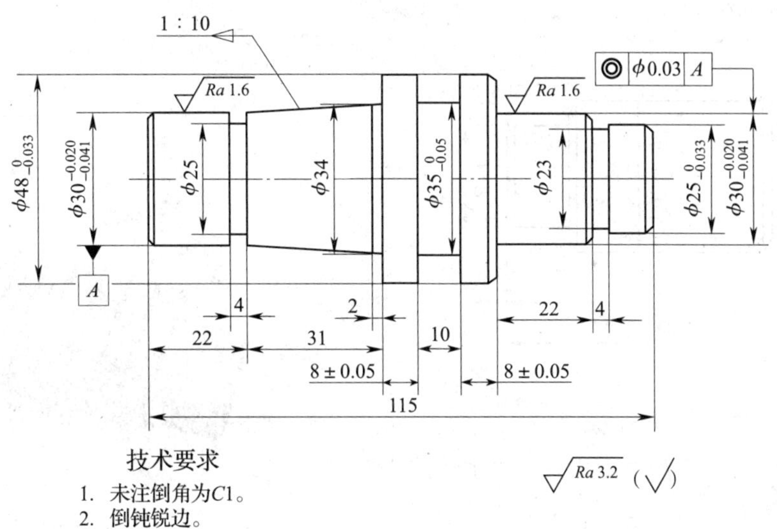

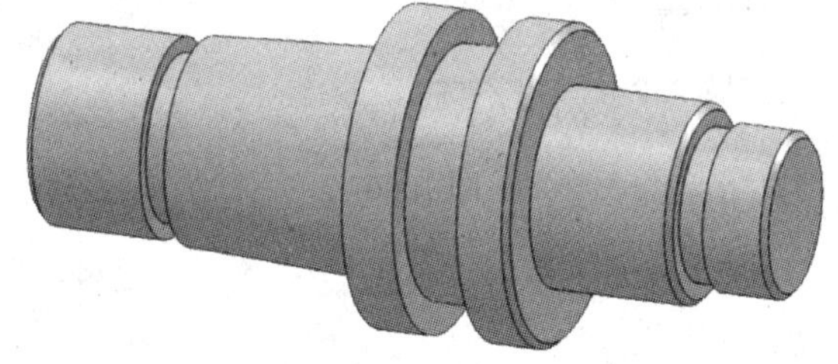

图 10–5

三、图 10-6 所示为梯形螺纹轴，工件材料为热轧圆钢，材料牌号为 45 钢，毛坯尺寸为 ϕ40 mm × 83 mm，数量为 20 件，试制定其机械加工工艺卡。

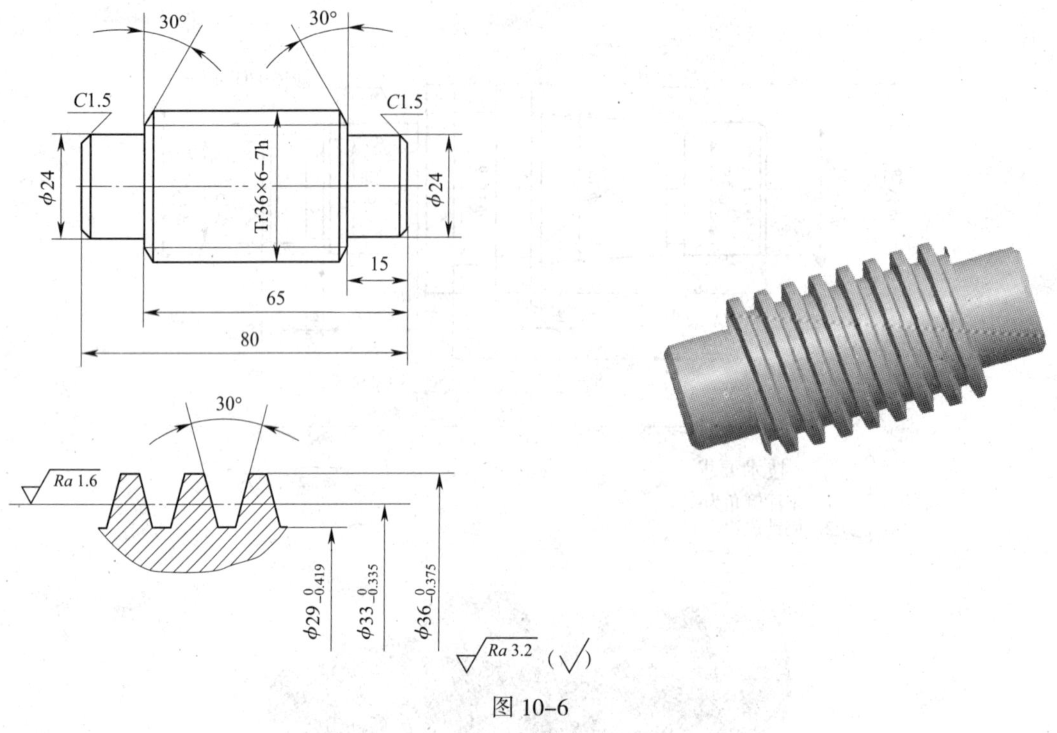

图 10-6

四、图 10–7 所示为花键轴，工件材料为热轧圆钢，材料牌号为 20Cr 钢，毛坯尺寸为 ϕ36 mm × 170 mm，数量为 1 件，试制定其机械加工工艺卡。

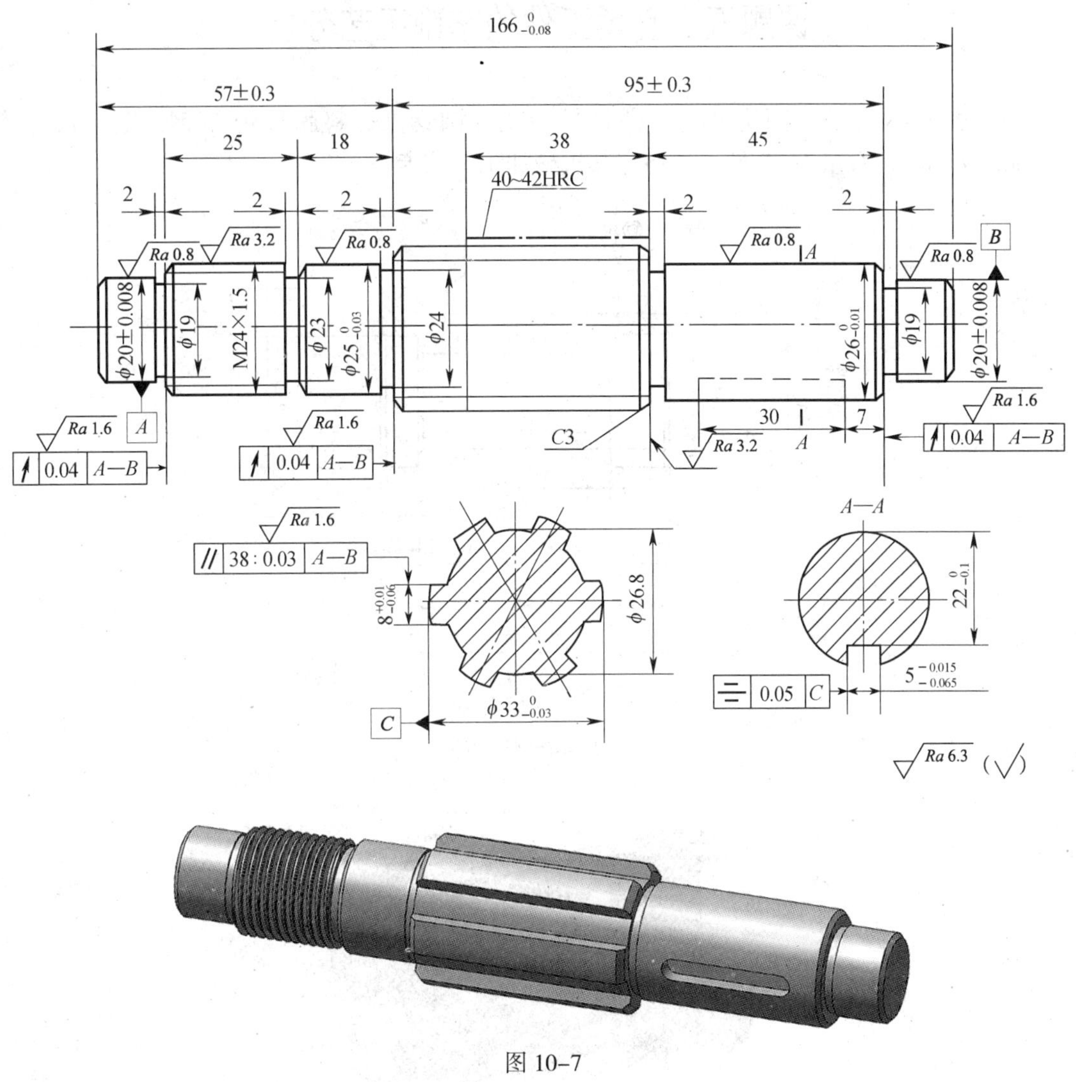

图 10–7

课题五　套类工件的车削工艺分析

一、图 10–8 所示为固定套，工件材料为热轧圆钢，材料牌号为 45 钢，毛坯尺寸为 ϕ60 mm × 75 mm，数量为 20 件，试制定其机械加工工艺卡。

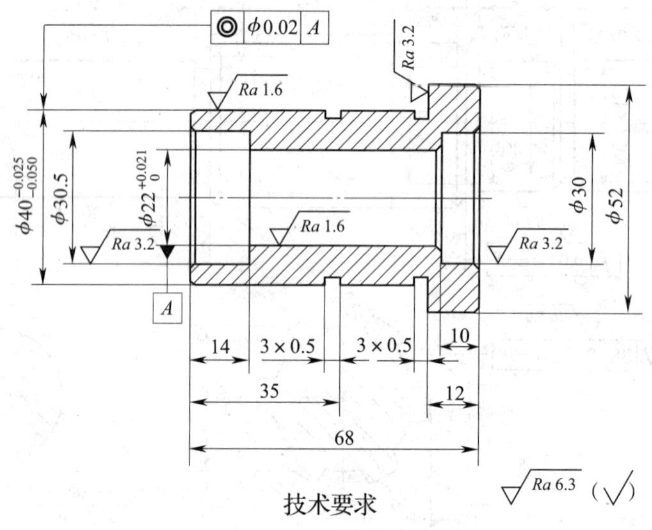

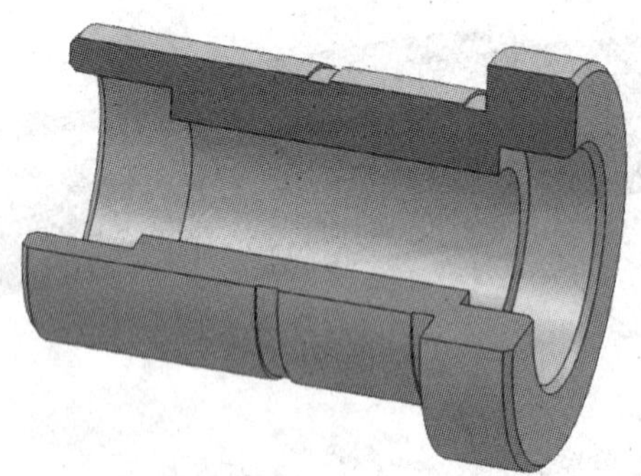

图 10–8

二、图 10–9 所示为座套，工件材料为热轧圆钢，材料牌号为 45 钢，毛坯尺寸为 ϕ95 mm × 42 mm，数量为 5 件，试制定其机械加工工艺卡。

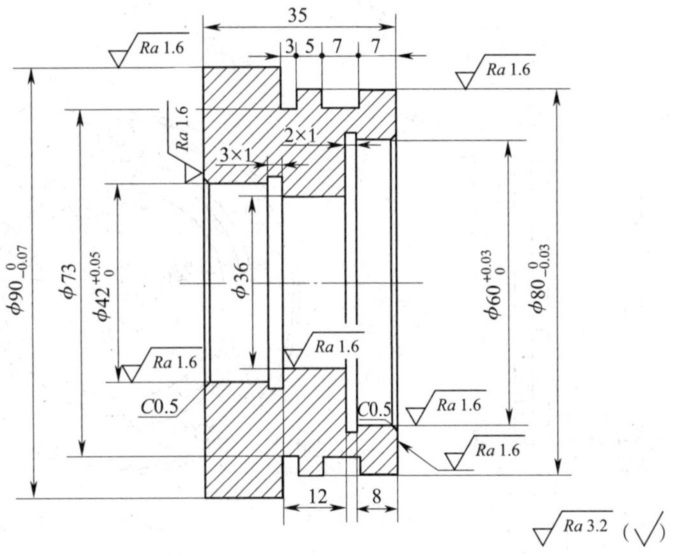

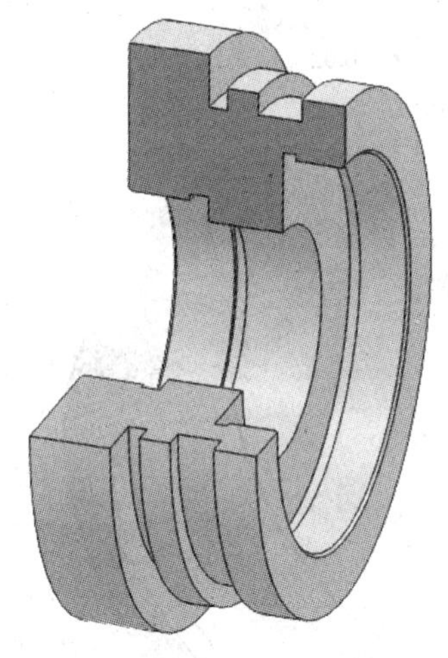

图 10–9

三、图 10–10 所示为端盖，工件材料牌号为 HT200，毛坯为铸件，数量为 20 件，试制定其机械加工工艺卡。

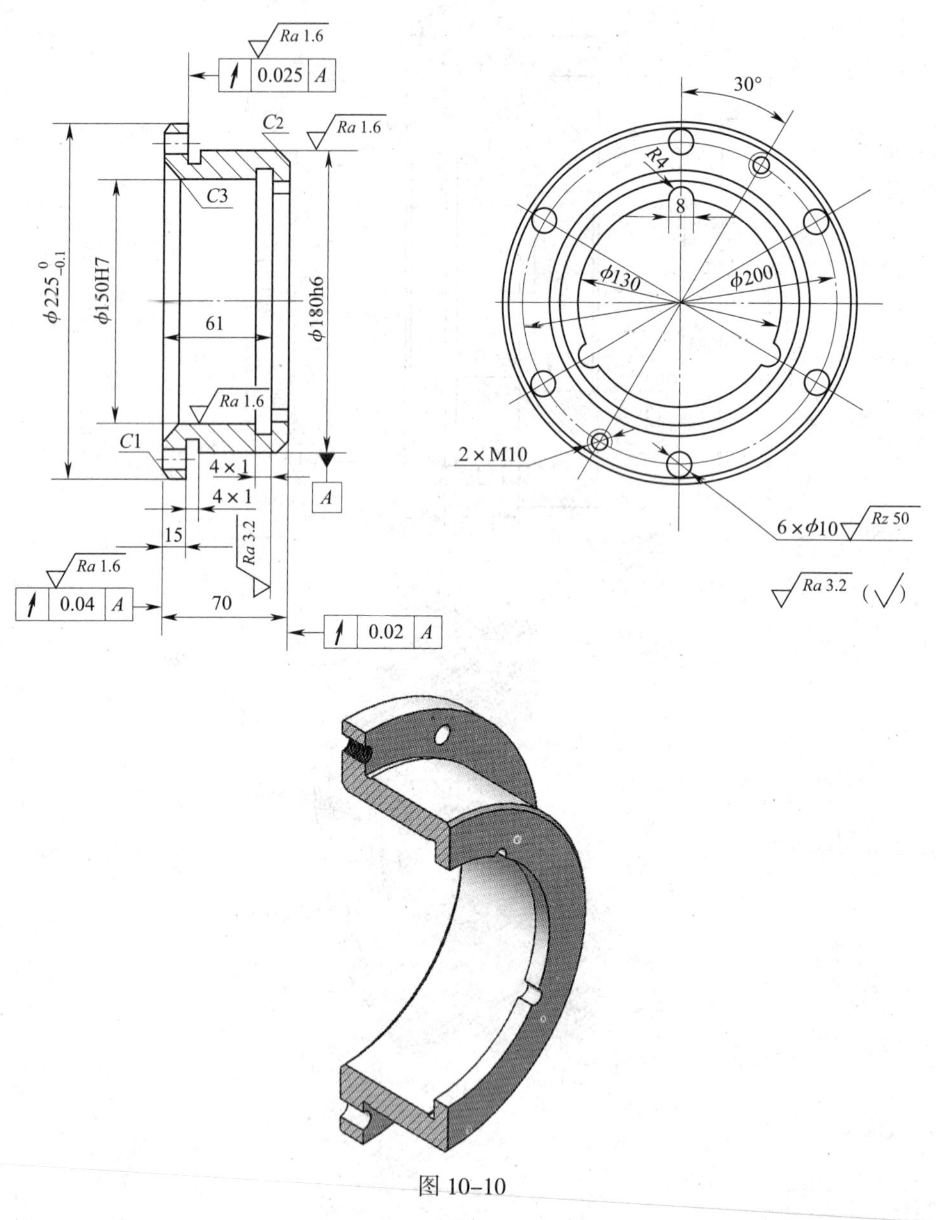

图 10–10

四、图 10–11 所示为双联齿轮，工件材料牌号为 45 钢，毛坯为锻件，数量为 50 件，试制定其机械加工工艺卡。

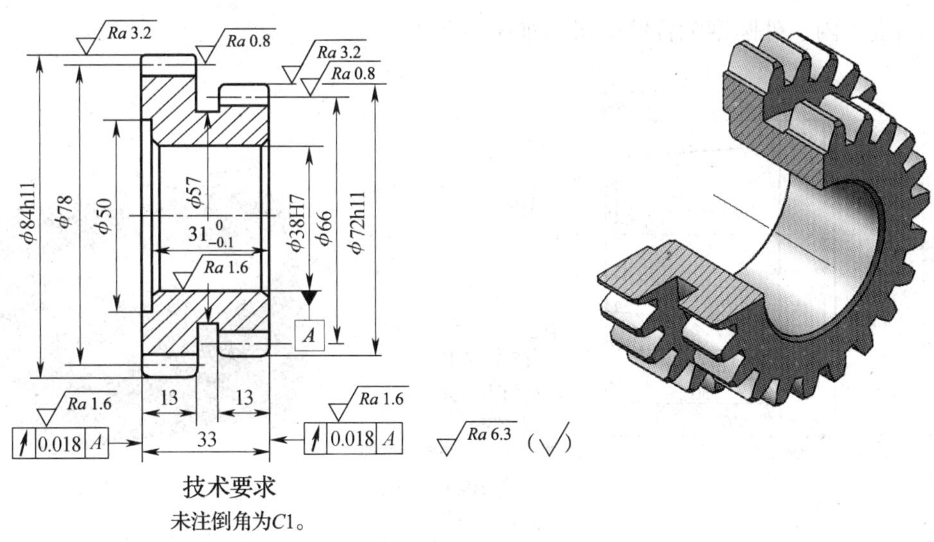

图 10–11

五、采用转动小滑板法车内、外圆锥配合件（图 10–12），工件材料为热轧圆钢，材料牌号为 45 钢，毛坯尺寸为 $\phi42$ mm × 100 mm，数量为 1 套。

1．进行工艺分析。

2．制定车内、外圆锥配合件的机械加工工艺卡。

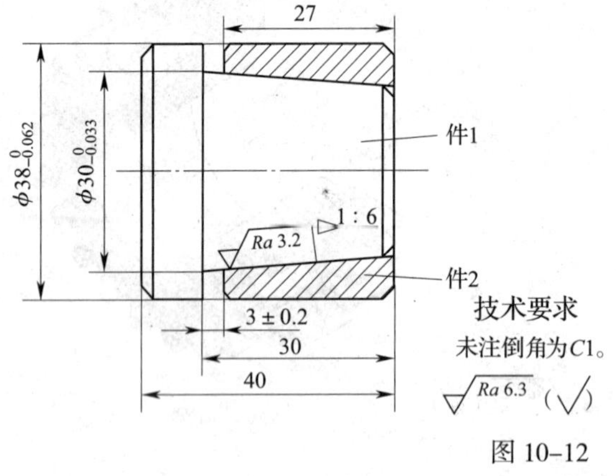

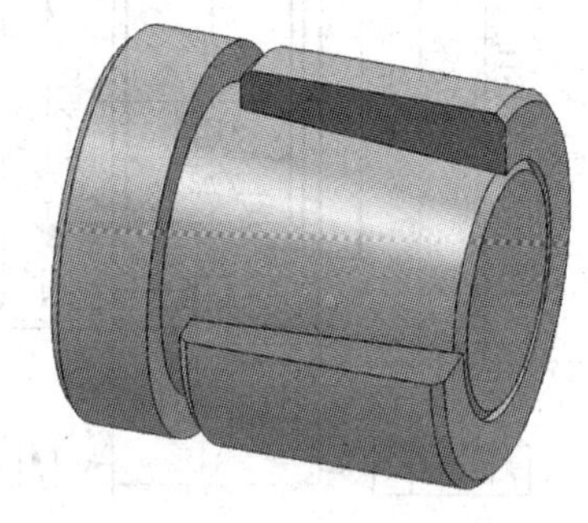

图 10–12